现代住区规划及住宅建筑设计与应用研究

李 青 著

北京工业大学出版社

图书在版编目（CIP）数据

现代住区规划及住宅建筑设计与应用研究 / 李青著.
— 北京：北京工业大学出版社，2022.10
ISBN 978-7-5639-8470-1

Ⅰ．①现… Ⅱ．①李… Ⅲ．①居住区－城市规划－设
计－研究②住宅－建筑设计－研究 Ⅳ．① TU984.12
② TU241

中国版本图书馆 CIP 数据核字（2022）第 186518 号

现代住区规划及住宅建筑设计与应用研究
XIANDAI ZHUQU GUIHUA JI ZHUZHAI JIANZHU SHEJI YU YINGYONG YANJIU

著　　者：李　青
责任编辑：李　艳
封面设计：知更壹点
出版发行：北京工业大学出版社
　　　　　（北京市朝阳区平乐园 100 号　邮编：100124）
　　　　　010-67391722（传真）　bgdcbs@sina.com
经销单位：全国各地新华书店
承印单位：唐山市铭诚印刷有限公司
开　　本：850 毫米 ×1168 毫米　1/32
印　　张：4.75
字　　数：120 千字
版　　次：2023 年 4 月第 1 版
印　　次：2023 年 4 月第 1 次印刷
标准书号：ISBN 978-7-5639-8470-1
定　　价：72.00 元

作者简介

　　李青，山东省齐河县人，毕业于中国农业大学，现任职于齐河县城乡规划编制研究中心，高级工程师。主要研究方向为建设工程。

前　言

居住是人类生活中的基本需要，而住区就是具备一定规模的居民聚居地，具有能够满足人们生活要求的居住空间和生活设施。住区规划设计必须坚持以人为本的理念与原则，为居民营造和谐愉悦的居住环境，实现住区规划的安全性、舒适性和美观性，提高人们的生活居住水平与质量。随着现代化进程的不断加快，人们的生活质量不断提高，人们对住宅建筑设计有了全新的理解和认识，需加强对住宅建筑设计的改进与创新。

本书共五章。第一章为绪论，主要阐述了住区形成的原理、住区的类型与结构、住区规划的指导思想、住宅建筑的未来发展趋势等内容；第二章为现代住区的规划布局，主要阐述了住区住宅用地的规划布局、住区公共建筑的规划布局、住区道路的规划布局、住区绿化景观的规划布局、住区环境小品的规划布局等内容；第三章为不同高度的住宅建筑设计，主要阐述了低层住宅建筑设计、多层住宅建筑设计、小高层和高层住宅建筑设计等内容；第四章为特殊类型的住宅建筑设计，主要阐述了青年住宅建筑设计、老年住宅建筑设计、生态住宅建筑设计等内容；第五章为现代住宅建筑设计应用实例，主要阐述了世界主要国家住宅建筑设计实例和我国现代住宅建筑设计实例等内容。

笔者在撰写本书过程中，借鉴了国内外很多相关的研究成果以及著作、期刊等，在此对相关学者、专家表示诚挚的感谢。

由于笔者水平有限，书中有一些内容还有待进一步深入研究和论证，在此恳切地希望各位同行专家和读者朋友予以斧正。

目　录

第一章 绪论

住区是城市建设结构的重要组成部分，住区的形成是随着城市的形成而逐步形成的，住区规划使住区形成了方便、舒适的优良环境。面对人们不断转变的居住观念，未来住宅建筑要在崭新理念的引导下，朝着节能、环保的趋势发展。本章分为住区形成的原理、住区的类型与结构、住区规划的指导思想、住宅建筑的未来发展趋势四个部分。主要包括住区的概念，住区形成的相关理论、原理，住区的形成与发展，住区的类型与结构，绿色化、个性化的住宅建筑未来发展趋势等方面内容。

第一节 住区形成的原理

一、住区的概念

"住区"的概念最早来自日本，1970 年末引入我国。住区一词在英文中为"community"，由于人居环境本身具有多样性、复杂性和动态性，以及不同学者的方法和视角具有差异性，在我国学术界，对于住区并没有具体明确的法定概念，但是在研究与生活中，"住区"一词已被广泛地使用。《中国大百科全书》中将"住区"描述为"城市居民居住和日常活动的区域"，简单来说，"住区"是指人们共同生活的地方。

基于学者对住区概念的不同理解，住区主要有以下几种概念。

"住区"一词在城市规划学与社会学领域被广泛引用，对于住区的规划主要是对环境的建设，包括硬件环境和软件环境，两者共同构成居住区的宜居环境。硬件环境包括公共设施、居住单元、活动广场、道路等实质、有形的环境；软件环境是指如居住水平、信息技术、邻里关系等非物质的、精神层面的环境。

住区主要指城市中包括基础设施、配套环境以及生态系统在内的住宅空间。

住区是指城市内以居住功能为主的空间，是城市内某一特定区域内形成的人类聚居地或社会、经济、自然的复合体。通常来说，住区泛指具有一定规模且配套设施完善、能满足该区域的居民物质与文化生活需要的聚居地。

住区是指以居住为主要功能，并配建有较完善的公共服务设施，可容纳一定规模人口的聚居空间。

住区指城乡居民定居生活的物质空间形态，是关于各种类型、各种规模居住及其环境的总称。在《城市居住区规划设计标准》（GB 50180—2018）中，基于居民步行范围和人口规模将住区划分为居住街坊、5分钟生活圈居住区、10分钟生活圈居住区、15分钟生活圈居住区四个等级。

二、住区形成的相关理论

（一）早期工业化城市理论

1882 年，西班牙工程师索里亚·伊·马塔提出以主要交通线为轴连接两个城市，向交通轴两侧空间拓展布局城市功能区，并在功能区外围布局林地和农田，该理论模型被称为"带形城市"。1892 年，索里亚在西班牙马德里郊区设计了一条有轨交通线路，把两个原有的镇连接起来，构成一个弧状的带形城市，该郊区城市到 1912 年集聚了 4000 多位居民。

1898 年，英国规划师霍华德在专著《明日，一条通向真正改革的和平道路》中提出了同心圆结构的"田园城市"理论模型，为解决城市扩张问题提供了理想化的规划方案。霍华德建议田园城市维持圆形半径约 1134 m、用地 2400 余公顷的适度规模，其中城市用地 400 余公顷，农业用地 2000 余公顷，该理论模型蕴含了景观包围城市和城乡融合的理念。田园城市人口规模达 32000 人，其中城市人口 30000 人，农村人口 2000 人。

田园城市理论影响广泛且深远，在 20 世纪初期成了主流城市规划理论，也为后续的新城和卫星城模式的建立提供了理论基础。

1901 年，法国建筑师托尼·戈涅提出了人口为 35000 人的"工业城市"规划模型，倡导城市对住区和工业区进行功能划分，并采用快速干道和铁路等交通方式对不同功能区进行连接。与以往城市空间规划不同的是，戈涅认为工业才是城市的首要功能产业，应为提高生产效率专门设立工业区。

"工业城市"规划为后续《雅典宪章》中提出的城市四大功能分区的倡议提供了理论基础，且至今仍在广泛影响着我国的城市空间布局。

(二)"邻里单位"理论与"雷德朋"模式

1910年后，美国郊区地带的住区规划逐渐受到重视。戴蒙德在1912年芝加哥城市俱乐部社区设计竞赛中首次设计了"邻里单位"方案，但并未引起关注。1929年，在汽车大规模普及的背景下，科拉伦斯·佩里结合大量郊区地带住区规划实践和戴蒙德"邻里单位"方案，以控制居住区内部车辆交通、保障居民的安全和环境安宁为出发点，提出邻里单位理论。该理论主张用道路将居住区划分为方格状的布局，提出的背景是基于城市的发展，交通工具增加使得道路结构发生变化，从而需要改变过去住区的形式。"邻里单位"理论主要遵循以下原则：①街道将单位住区包围起来，并且不穿过其内部。②住区内要营造安静、安全的氛围，需限制车辆的进出。③控制人口规模，一般人口规模为5000人，较小规模为3000～4000人。④公共建筑定额布置方式，以小学为中心，并与其他服务设施（教堂、图书馆、商店）规划在中心公共区域。"邻里单位"的概念一定程度上影响了我国工人住区的建设规划。

20世纪20年代末，科拉伦斯·斯坦秉承了田园城市思想，同时也吸收了佩里的邻里单位理论，在美国新泽西州设计了被称为"汽车时代第一城"的"雷德朋"住区模式，成了最为著名的邻里单位实践样板，该模式具有可大规模复制推广的优势。

"雷德朋"住区模式的用地规模在12～20公顷，半径约为0.8 km，边界为城市干道，较小的容积率能够营造出良好的居住环境。住区中心为小学或公共场地，人口规模为 7500 ～ 10000 人，具体视住区中的小学生人数而定。在功能上强调以道路为轴区分不同功能地块，并配建商业设施。在交通体系方面，倡导人车分流，道路多为曲线，住区内部采用封闭式尽端路（断头路）形式。"雷德朋"模式能够防止汽车过境带来的干扰，但单元内存在车行交通循环不畅、地块功能单一等问题。"雷德朋"模式为美国郊区大开发提供了建设样板，实现了美国中产阶级的梦想。

（三）现代主义城市

勒·柯布西耶作为对后世影响深远的现代主义建筑师，重视技术理性，擅长以严谨和机械式的几何构图方式对城市和住区进行规划，倡导划分城市功能、提高人口密度、限制城市扩张、增加交通运输方式、塑造城市绿地，分别在 1922 年、1933 年提出"明日城市"和"光明城"的城市设计构想。在柯布西耶"光明城市"的设想中，城市中心是独立式的高层住宅，并留有大量绿地空间，采用人车分流式交通，28 ～ 54 m 宽的道路仅承担交通功能，街道空间不再承担多样的生活性和社会性功能。现代主义者将日照、绿地、人口、通风和居住密度作为衡量住区优劣的主要标准。利用高层住宅提高居住密度可以改善城市的拥挤状况，并提供优美的绿色环境。

（四）TEAM10 城市设计思想

TEAM10 的成员们提出人际结合、流动交通、簇群城市和空中街道等城市设计构思。

①以人为核心的人际结合思想反对纪律化的机械社会，反对僵硬和冰冷的城市形态，认为生存已非决定性因素，自我

实现和丰富的生活将成为重要因素，并对聚居地生态学开展研究，在人与环境的关系中始终将人放在首位。

②TEAM10认为"邻里单位"的成果需要在与外界隔离的社区能产生高度的物质文明的条件下形成，而事实并非如此，所以认为高效的城市必须具备边界的交通流动。TEAM10成员温·艾克提出城市的流动有三种形式，分别是人的步行活动、汽车的流动和自然景观的变化，并设想了一种能够便捷且均匀承载交通流量的三角形的汽车道路系统。

③TEAM10的成员史密森夫妇提出了"簇群城市"和"空中街道"的概念，认为城市应满足不断增长的新需求，城市形态能够像触角一样蔓延，同时高密度的住宅建筑需要对应"生长"出促进流动的空中街道。

（五）新城市主义

20世纪50年代后的规划反思并没有汇集成为完整的理论体系，"邻里单位"模式和功能主义规划还是引发了欧美国家"城市无序蔓延"的现象，中高收入群体向郊区迁徙实现了"美国梦"，但中心城区贫民窟犯罪频现，社会矛盾不断加剧，同时郊区配套设施又集中于交通干线附近，郊区居住功能纯化且生活品质降低，传统社区内的人文生态系统被打破，"邻里"的归属感和安全感荡然无存。

在该背景下，20世纪90年代初，美国开始兴起新城市主义运动，1993年召开了第一届"新城市主义大会"；1994年持有相同观点的规划师和建筑师一起出版了《新城市主义：走向一种社区建筑学》；1996年，第四届新城市主义大会通过了《新城市主义宪章》，至此新城市主义对北美及欧洲地区的影响才逐渐增强。

与"邻里单位"模式将学校置于社区中心不同，新城市主义住区强调将与公共生活密切相关的商业、文化、教育、健身、卫生等设施在住区中心聚集。中小学、大型医院等设施与社区公共生活的密切性不高，且因其需要较大的占地面积，甚至在一定程度上会阻碍具有良好空间尺度的交往中心的形成，因而不宜直接将其布局在社区中心或邻里中心区域。

新城市主义有关社区空间的布局实践主要有两种代表性开发模式：一是安德雷斯·杜安伊和伊丽莎白·普拉特·兹伊贝克夫妇的传统邻里社区开发（Traditional Neighborhood Development，TND）；二是彼得·卡尔索普的公共交通导向开发（Transit-Oriented Development，TOD）。

传统城市社区模式是 TND 模式的灵感来源，强调将现代生活和地方文化特色结合，建议：①每个基本单元都要有清晰的边界和明确的中心；②邻里基本单元半径大概在 400 m（约步行 8 min），规模约 16 公顷；③多种住宅形式（价格与产权形式不同）和建筑类型；④强调公共空间的重要性，倡导社区配套开放给城市；⑤倡导高密度紧凑结构的基本单元；⑥提倡小规模、密集型、棋盘式街区和多元交通形式；⑦高品质的沿街建筑设计；⑧容纳多阶层人群。

邻里基本单元与公共交通相结合是 TOD 模式最重要的特征，建议：①将步行作为交通出行的首要选项，避免尽端式道路；②邻里基本单元规模半径为 600 m，街区单元长边不大于 183 m，周长小于 550 m，面积为 2 公顷左右；③倡导公交、地铁等重要公共站点结合社区中心布局；④倡导社区功能适度混合；⑤公园绿地等交往空间分散均匀布局；⑥与城市发展衔接，预留社区发展弹性。

总的来说，二者具有相同的出发点，希望能够形成有吸引力、多功能、和谐和睦、有带动作用、丰富多彩的住区。二者提倡的基本单元都囊括具有多元生活生产（居住、工作、商业、文化、娱乐、教育）功能、社区公共中心、步行友好导向社区、多样住宅并置、多功能街道等特征，只是 TND 偏重于社区街坊尺度，而 TOD 更偏重于城市尺度，在实际设计与运作过程中，二者是互相嵌套的有机协调模式。

（六）开放街区理论

街区（Block）又称"街坊"，是介于小区和组团之间的一种居住组织形式，是城市空间的基本构成单元，"街"指城市线性骨架，"区"指城市面状地块。街坊是由"Block"直接翻译而来的，是"Business（商业）、Lie fallow（休闲）、Open（开放）、Crowd（人群）、Kind（亲和）"5 个单词的缩写。街区本身就具有开放的属性。

《辞海》将街区定义为"现代城市中由道路或自然界线划分出的居住地块"。《绿色住区标准》将街区定义为"在城市中由城市街道围合成的区域，通常以一个居住组团为单位。街区是城镇居民生活和邻里交往的一个基本单元，是城市生活价值的集中体现"。"街区制"是改善住区封闭、交通拥堵、功能单一、活力缺乏等问题的重要途径。

芦原义信在《街道的美学》中以人的感官为依据，对人性化街区设计和街道活力营造进行了探究。克里尔认为街区是所有城市设计结构的原始细胞，它决定了周围路网的形式和内部建筑体的结构。黄烨勃、孙一民认为街区是由网络化的街道及其围合的城市建设用地所组成的城市空间基本组织单元，并通过其形态与功能的组织效应表达对某种社会意义的实现。综上，街区是由城市道路网围合的、具有一定尺度和规模的场所，是城市的基本单元，也是人们日常生活的重要载体，包含了丰富的城市形态学和文化学内涵，也是城市文化和城市生活得以延续的基础。

对于开放街区的优势，学者进行了大量的阐述。朱怿认为街区在商业开发、提高土地效益、多元城市交通、多样化街道生活、基层社区整合等方面优势明显。于泳、黎志涛认为开放街区具有建筑单体保持独立性、体现场所精神、不严格限制建筑的高度等特点。杨保军认为开放街区具有规模较小、街道功能综合、交通组织开放等特点，具有促进消费的经济意义，促进交流、方便出行的社会意义，塑造舒适公共空间的环境意义。姜璐认为在设计街区的尺度时，要重点考虑人的活动影响。龚斌、庄洁认为开放街区对于我国目前优化城市空间质量、促进社会交往和弱化社会隔离具有重要意义。孙飞认为街区制具有将地域范围内公共资源、功能等与城市共享和融合，营造有活力的街区氛围和完善城市空间的功能。

改革开放后形成的大型封闭居住区的模式成为我国主流的城市居住区空间组织管理模式，但由此带来的交通堵塞等城市问题引起了人们的反思，开放街区的模式逐步被人们所重视。开放街区通常意味着"窄马路、密路网、小街区"的居住区组织形式。

三、住区形成的原理

（一）城市形成的原理

住区规划的形成是建立在城市形成的基础之上的。城市，是由行使行政职能的政府、往来于本地与周边的商业贸易团体与大量的人民群众聚集而成的。一个有规模的城市不是由集权的政府部门或者规划法律就可以创造出来的，而是由许多大大小小的模式相互磨合、相互作用，逐步地、有机地形成起来的。城市是一个生命体，同时随着各种模式的力量及时代、经济的发展而不断地变化着。

（二）住区与城市

在现代大多数的城市中，居住区占据了城市的大部分空间。住区是城市人们居住和赖以生活的场所，人们以此为据点展开多种多样的城市生活。大城市的住区与商业区、工业区、教育设施区等功能分离，分区并存而生。小城市的住区与上述的都市功能相融合，共存共生。

（三）规模住区

住区的规模大小不同，住区规划的内容与思考方法也有所不同。规模的扩大，用地面积的增加，也加大了住区与周边地区的物理空间的连接，单一的居住生活功能已经远远不能满足都市生活的要求。各种行政、医疗、教育等设施以及大规模的休闲娱乐场所、绿地成为规模住区的规划内容。在整体规划构成上，规模住区独立性增强，有自己的规模较大的住区中心及住区内部交通手段，在一定程度上成为自我完备的空间组合。

（四）住区的要求

住区要符合居住者的生活要求、重视人文尺度空间、优化公共交通系统、节约能源、保护自然生态环境，使居民的生活舒适、健康。并且随着时间的推移和文化的沉淀，在满足各种居住生活功能的同时，住区要形成良好的人文环境。住区内部要确保日照、采光、通风、私人空间，防止噪声、尘土、臭气、振动、大气污染等公害，保证优良的居住性能。同时，针对土地的特有位置及相关条件，要在住区的总体规划上加以细致处理，提高土地的利用效率，弥补上位规划的不足。在空间处理上要减少住区不必要的交通道路，确立人车分离的原则，保证街角公园、广场、儿童游戏场等室外开放空间，并结合多种多样的绿化植被设计，挖掘用地潜力，形成幽雅的景观空间，提升住区的居住环境品位。

住区生活圈是人们日常生活所涉及的地理空间概念，常以出行距离、服务半径为标准划定一定范围的圈域作为边界，具有时空尺度和圈层性特征。生活圈研究的尺度包含地区、城市、社区、乡村等方面，包含公共设施配置、择居、通勤、休闲娱乐等内容。

地区和城市级生活圈是区域和城市之间的空间结构或功能等内容的整体刻画，体现的是地区之间、城市之间、城市与人之间的关联，包含了"多核心都市圈"和"单核心都市圈"等研究内容。在学术界，住区日常生活圈指的是居民以家为起点，开展通勤、社交、上学、购物、医疗、文化、娱乐等活动的空间范围。住区生活圈与建筑规划设计之间的关联更为紧密，二者结合可以成为居住区配套设施公平化配置与布局的重要工具。

生活圈以人在不同单位时间内的步行可达距离为基础，划分不同层级的圈层，为不同层级的生活圈配置不同级别和内容的公共设施，据此优化不同层级的设施配置。通过不同的定位分析为居民提供多元化、高质量的配套设施，满足新阶段居民对高质量生活的向往。完整的居住社区应配有完善的基本公共服务设施、健全的便民商业服务设施、完备的市政配套基础设施和充足的公共活动场地，为群众日常生活提供基本服务。

针对本住区的大多数居民的生活居住要求，我们应进行合理的规划设计，将日常生活圈中的各种设施、建筑空间、绿化景观、交通组织进行集中综合，经过全面整体的考虑对其加以配置，形成一个适合居住生活的网络体系和更加安定的生活圈和良好的社交环境。住区在满足居民的居住生活的基本要求之外，往往还要求解决层次较高的居住生活问题。对于在本住区内不能解决的功能问题，需要在周边都市空间内加以解决，这就要求对住区的选址要严格控制，使规划用地与周边地块实现良好的交融。

一个住区发展的关键在于与周边各地块之间的可接近度。最有机会与其他地块相互影响的住区，最有可能得到突飞猛进的发展。居民在利用规划用地外的各种设施，或者与住区外部进行其他物理空间联系的时候，在诸多的手段与工具中，尤为引起注意和重视的是交通状况。为了满足市民的日常出行需求，住区街道交通空间根据土地应用现状划分为步行空间、骑行空间、公共交通空间、机动车空间以及道路的其他附属服务设施空间。步行空间的范围是建筑前区到路缘石之间，跟机动车空间一起构成居住区街道最基础的区域。近年来，慢行单车的盛行让骑行空间在居住区街道中占据越来越重要的位置。公共交通与步行和骑行一起被称为绿色出行方式，可以有效减少机动车数量，并有助于减少能源的消耗和机动车尾气排放，从而降低对住区和街区的空气和噪声污染。

四、住区的形成与发展

住区的形态发展带动着居住区公共空间的逐步丰富与完

善。我国的住区形成与发展大致可分为两个阶段,一是封建社会时期沿袭千百年的封闭私宅阶段,二是新中国成立之后开启的现代城市住区模式。

原始住宅仅具有使用功能,从远古时期防御自然天气的住宅到春秋时期统治者为了方便统一管理而建立的城墙以及对不同阶层人民划分的居住区域,都体现了原始住宅的使用功能。人们对于居住的要求越来越高,也对其功能提出了更多的需求,促使居住区到春秋时期得到进一步发展。自周至隋唐,我国早期城市的重要聚居单元与社会基层组织属于里坊制,基于当时严苛的封建制度与礼法,执行严格的封闭管理模式,这与现代居住区概念相去甚远,也就无居住区公共空间可言。随着农业技术的成熟与经济的繁荣,由五代至明清,等级森严的贵族统治制度逐渐被实用性更高的官僚制度取代,城市的发展与住区管理模式随社会发展而不断调整,以社会经济功能为基础的街巷制蓬勃发展,逐步取代里坊制。唐朝时期,城市住区还遵循"坊市分离"的整体空间布局,至北宋时期,已逐步发展为街市空间体系与胡同、里弄等居住模式,但封建社会制度没有发生本质改变,社会空间本质没有得到开放共享,与住宅配套的庭院仍为私有。

19世纪中期,对外贸易的兴起带动我国一批沿海城市率先出现现代居住区的雏形,最早在上海,随后在天津、武汉、成都等城市中开始出现里弄式住宅。尤其在上海和天津,里弄式住宅在这一时期迅速发展,在短短几十年里就取代了延续了几千年的合院式住宅,但此时中国也进入了封建统治结束、民主革命爆发的动荡时期,直至新中国成立之前,我国的城市建设仍处于自由发展阶段,居住区的发展也几乎停滞。里弄式住宅虽然可以视作我国现代居住区的雏形,但其仅是为解决当时城市人口激增所带来的住所短缺问题，也就是仅着眼于住，在居住环境方面并没有做考虑，仍然不具备主动创造公共空间及设置的条件。

19世纪后期，许多工业化国家开始发行法案以改善生活条件，应对过度拥挤、日照不足、通风不良、环境恶化和医疗条件落后等问题。学者们也因此开始探寻解决的办法，而后现代居住区的规划理论才得以形成，如美国建筑师克拉伦斯·佩里首先提出"邻里单位"理论。其目的在于以合理的组织形式来控制居住区的交通，优化居住区的内部环境，为达到目的，他尝试将生活基础设施纳入一个单位，形成一个满足生活需求的"邻里单位"，以此代替原有城市居住区中的分散缺陷。

新中国成立后，我国的城市规划、居住区建设步入现代化阶段，开始变得有条理、有章法，此阶段又可以改革开放政策施行为分界线细分为前后两个阶段。从新中国成立初期至改革开放前，我国实行完全福利化的住房政策，此阶段住房建设资金全部源于国家基本建设投入，住房作为福利由国家统一分配。在"先生产，后生活"的政策主导下，居住条件较差的简易楼、筒子楼等住宅模式批量涌现。在社会主义探索阶段，受西方资本主义国家"邻里单位"规划理论影响，我国首次尝试将居住区规划与城市建设相结合，1951年，按"邻里单位"设计思想建设的第一个工人新村——上海曹阳新村在我国出现，虽然它配有一定的商业设施，能给人民带来一定的方便，但如今看来只能满足基本的住房需求，公共空间层面依然十分匮乏。"邻里单位"式住宅区居住舒适度低、环境较差的问题很快暴露出来，并且与当时我国的国情不能完全匹配，至1953年第一个五年计划时期，苏联的"居住小区"概念传入我国，强调以城市道路包围的用地作为一个居住单元。这一时期的典型代表是北京百万庄小区，其在"居住小区"概念中融入了强烈的中国古典元素，布局规整，居住区内有宽敞的活动区和较好的配套设施，住区居住环境有了很大改善，但类似规模及配套的居住区凤毛麟角，大部分居住区内公共空间形式及功能仍然比较简单。在我国城市居住区环境发展的初期阶段，居住区的规划、建设在实践中出现了一些问题，例如，建筑间距有的过小、有的又过大，居住区建筑布局、道路规划整齐划一、生硬刻板，景观、绿化单调乏味等，这些问题也与当时的生活条件相关联。在物资较匮乏的年代，居民的休闲生活并不十分丰富，个性化需求因此相对较少。此阶段的居住区公共空间类型较少，如儿童活动场地、专用体育运动场地一般依附于学校、幼儿园、职工俱乐部等建设，较少出现在居住区中。但在居民结构组成方面，此阶段居住区内居民不仅是邻居，大部分还是同事，具有一定的人际基础，并且如筒子楼之类的住宅里的住户需要共用厨房、卫生间等设施，因此邻里间氛围大部分情况下是比较融洽的，这一阶段正是"远亲不如近邻"这一具有时代印记的氛围蓬勃发展的时期。综上所述，从新中国成立到20世纪60年代初的这段时间，是我国现代居住区建设及理论研究的萌芽阶段，居住区规划理念以借鉴学习为主，我们自己的新规划理念正在东西方文化的融合中生长，居住区公共空间规划仅考虑基本生活需要，对居民精神需求的关注较少，在经济、文化发展较为迅速的地区，已显露出向更多元的方向发展的趋势。

1978年12月党的十一届三中全会召开后，我国开始实行对内改革、对外开放的政策，从此我国的城市建设与居住区发展进入重要的历史时期。住房政策从福利分房体系转变为社会化的住房保障体系，住宅变成可以在市场上交易的产品，促使住宅在质量和设计理念上都进入快速、高效的发展阶段。对于住宅的建设，不仅在数量上提出了要求，同时在建筑的质量上也提出了更高的要求。在市场竞争的作用下，居住区的配套公共空间、设施也逐步提高，方便居民日常生活的配套设施逐步完善，绿化建设也开始被重视，居住环境相较以往有了很大提高。从 20 世纪 80 年代开始，住宅建筑试点工程开始在全国范围内选择试点城市开展，以总结相关经验，为其他项目提供参考依据。在这一时期，人们逐渐开始关注居住区的室外环境，同时在居住区的规划设计阶段，开始考虑如何优化居住区的空间规划以及塑造邻里空间，为促进居民之间的日常交流提供条件。经济的稳步发展带动人们生活水平的提高，居民在物质生活条件改善的同时，精神生活需求开始变得丰富，因此居住区的规划与建造在改善基本居住功能的基础上，开始关注居民的文化和精神需求，配建相应的空间及设施。一些常见的居住区建筑布局模式，如围绕中心景观布置居住组团的"中心型"布局，以出入口、景观带形成轴线的"带状型"布局，串联景观节点形成逻辑关联的"节点型"布局等规划方式也是在这一阶段开始出现并逐渐成熟的。住房数量的巨大短缺在 20 世纪90 年代中后期时已经得到很好的缓解，1998 年我国出台相应政策彻底终止了住房分配制度，房地产市场的繁荣也带动了居住区规划建设实现更加多元、科学、健康的发展。"以人为本"的意识增强，使社会、文化、健康、生态等深层次的环境问题更加得到重视。居住区消费由此进入层次化、个性化时期，居住区内休闲性、娱乐性空间及设施在这一阶段出现，居住区环境设计要求越来越精细化。

　　进入新世纪，社会经济文化、居住需求、科学技术等方面的有利条件推动我国居住区建设进一步发展完善。城市化进程加速的同时，"人本主义"思想进一步发展，中国人的价值观迈入新的发展阶段，使得城市住区的发展拥有了更有利的社会条件。中国人在追求个人生存价值的过程中开始强调个人主体性，在居住环境方面也有了更多的个性化需求，对生活规律和空间环境的要求越来越高。在可持续发展思想的带领下，我国越来越重视环境问题，回归自然的理念被广泛接受，人们越来越向往与自然和谐共处的生活环境以及绿色健康的生活方式。在经历了信息技术飞速发展带来的便捷之后，人们很快发现线上交流方式给人际关系带来的巨大影响，在认识到面对面交流的线下交往模式的重要性之后，居民对居住区内交往空间的需求开始提高。由此引领着我国居住区公共空间向着多元化、个性化、人性化的方向不断发展。人们的生活富裕起来了，对于住房的要求也越来越高了，对于住区的划分也更加鲜明了，也有了更先进的意识。节约型社会理念的广泛传播，使得我国的住区规划设计、建造过程更加环保、节能、低碳，使得人们更加重视提高资源的利用效率，绿色、智能、节约成为新时代住区的显著标签。

第二节　住区的类型与结构

一、住区的类型

住区的分类方法有很多种，我们可以根据住区不同的属性进行归类。住区的类型如图 1-1 所示。

①按照住区不同主体的社会经济地位和年龄进行划分。

其中，依据社会经济地位来分，可分为高收入阶层住区、中等收入阶层住区和低收入阶层住区；依据年龄来分，可分为老龄住区、中龄住区和青年住区。

②按照住区的地域分布来划分，可分为中心区住区、中心外围住区和边缘住区。

③按照社会空间形态的构成特征来分，可分为传统式街坊住区、单一式单元住区、混合式综合住区和流动人口聚居区。

④按照居住环境类型来分，可分为平地住区、山地住区和滨水住区。

⑤按照建筑类型来分，可分为低层住区、多层住区和高层住区。

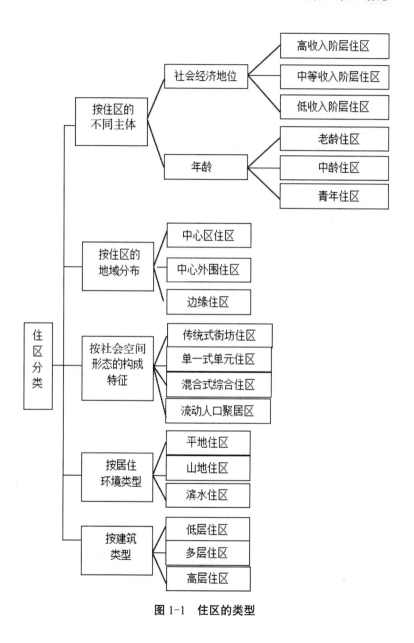

图 1-1　住区的类型

二、住区的结构

住区由基本的物质与精神要素构成，物质是精神的载体，精神则是物质的内涵，具有精神境界的高品位居住环境是造就人们优良品格与素质的重要方面。居住区的规划设计要科学地运用各个构成要素，合理利用土地，精心塑造各项用地的空间环境。

（一）住区基本要素构成

住区的物质要素主要包括自然因素和人工因素。自然因素诸如区位、地形、地质、水文、气象、植物等。人工因素包括各类建筑及工程设施，各类建筑包括住宅、公共建筑、生产性建筑等，工程设施包括道路工程、绿化工程、工程管网、室外挡土工程等。

住区的精神要素包括人的因素和社会因素。人的因素包括人口结构、人口素质、居民行为、居民生理及心理等。社会因素包括社会制度、政策法规、经济技术、地域文化、社区生活、物业管理、邻里关系等。

（二）住区规模分级构成

人口规模和用地规模是住区规模分级的两种表述，住区的人口规模是主要的分级表述，住区按人口规模可以分为"居住区（■）""居住小区（●）"组成的二级结构，如图1-2所示，以及"居住区（■）""居住小区（●）"和"居住组团（▲）"组成的三级结构，如图1-3所示。

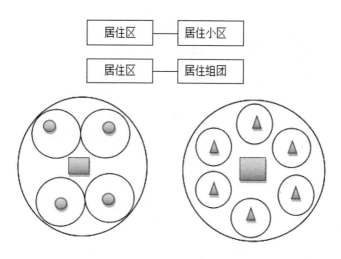

图 1-2 住区二级结构

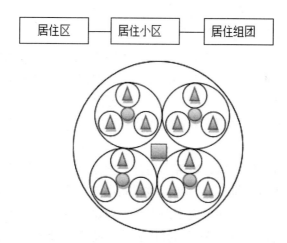

图 1-3 住区三级结构

住区的用地规模主要与居住人口规模、建筑气候区划以及规划所确定的住宅层数有关。随着社会经济、科学技术的发展与进步，住区的规模结构也会随之产生变化，因此，我们要综合分析住区规划、政府政策及住区周围环境等因素，合理规划住区规模。

（三）住区用地构成

住区用地结构一般分为居住区用地和其他用地两个方面。

第三节 住区规划的指导思想

住区规划是根据规划结构将各种组成要素通过一定的规划方法和处理方法，将住宅、公共建筑、道路、绿地等在规划用地的适当位置进行全面、系统的组织、安排，使住区呈现方便、有机、美观、舒适的居住环境。

城镇化的发展使城市人口不断增加，居住需求不断加剧，住区市场前景广阔。住区的地位日益凸显，住区越来越成为一个城市的风貌和综合实力的体现。人民生活水平的提高带来了更多的要求，住区的形式也要随之不断丰富，在服务方面要更为完善，提升住居功能的综合性、多样性。城市用地有限，随着人口不断增加，城市用地日趋紧张，商住区将商业用地与居住用地有机结合，使土地得到高效利用，最大限度满足居民生活需求。在习近平总书记"两山"理念（绿水青山就是金山银山）的指引下，我国要将可持续发展摆在经济发展首位，发展经济绝不能以牺牲环境为代价。随着经济的快速发展，环境问题也随之而来，这是一个不容忽视的大问题。针对日益严重的环境问题，我国在住区规划设计过程中融入智慧城市的概念，利用智能设备和科技手段更好地解决环境问题。

近年来，随着我国建筑行业的飞速发展，土地已经成为当今的紧缺资源。绿色生态理念是住区规划的核心指导思想，为了最大限度地节省土地资源，住区规划时应对住宅用地进行合理规划与布局，应充分掌握周围建筑物的分布情况以及道路的方向，再结合当地自然环境的特征及人们对住宅条件的需求，合理规划住区建筑。首先，城市住区应缩小占地面积，朝向高层发展，同时控制独门独院别墅的数量。其次，在规划住区内停车场时，应注重地下土地的开发，打造单层或多层地下停车场，以此扩大地上使用面积。再次，合理规划商业性用房的占地面积，结合住宅实际结构对商业用房进行合理规划，最大限度地减少对居民生活的影响。最后，规划自行车与电动车车棚，以此改善小区内自行车随意摆放或占用消防通道的局面。此外，还应优化处理建筑物与公共设施之间的距离，提高住区的建设质量，促进住区整体健康发展。

住区规划也应遵循生态化发展的指导思想，向生态住区转型，不仅要为人们提供良好的居住环境与空间，还应注重住区居民的生活方式与生态环境协同发展。首先，加强城市住宅区域内绿地面积、湿度以及温度的规划设计，充分利用绿地资源，以此缓解城市热岛效应，确保城市生态环境的平衡。其次，进一步优化与完善土地使用方案，提高土地资源的利用率，在保障用地最少的同时，还能确保住宅的建筑质量符合国家规定的建筑施工质量标准与要求。最后，要节约水资源，水乃生命之源泉，是民生之本。

住区规划设计应始终坚持"以人为本"的指导思想，在满足人们日常生活需求的基础上，提高住区空间的利用率。为此，规划设计人员在对住区城市住宅进行规划设计时，应重点分析与研究住宅空间尺度，以"立体、紧凑、协调"为主要设计理念，合理设计住区住宅空间内的尺寸，这样不仅可以增强住户的亲切感，而且能避免室内空间过于空旷。目前，城市住宅趋向层高设计，合理适宜的空间尺度可以丰富住宅功能，增强住户的居住体验。同时合理的住宅面积可以降低企业的投资成本，而节约出来的资金可用于住宅区域其他方面的建设，以此完善住宅设施，从而促进住宅建筑性价比的提升，继而提高住户的认可度，实现建筑企业长足稳定的发展。

第四节　住宅建筑的未来发展趋势

一、绿色化住宅建筑

绿色化住宅建筑以人与自然的可持续共生为目标，以有效利用资源为基本原则，实现住宅内外的物质、能源良性循环，达到新型住宅标准。绿色化住宅建筑的设计遵循生态学原理，遵循可持续发展原则，在住宅的建设与使用过程中，充分利用资源，减少资源的浪费，减少对环境的污染，以期为人类营造一个舒适、优美、洁净的居住空间。

参考已有研究，结合《绿色建筑评价标准》（GB/T 50378—2019）可知，住宅建筑需满足"安全耐久、健康舒适、生活便利、资源节约、环境宜居"要求，在建筑全寿命周期内节约资源、保护环境、减少污染，为人们提供健康、适用、高效的使用空间，最大限度地实现人与自然和谐共生。

（一）绿色化住宅建筑决策阶段

基于项目的实际情况，决策人员应对项目可行性方案进行技术经济论证分析，最后选择最优方案。要把握决策阶段的最优方案选择及投资估算，有效从源头上控制项目成本，实现项目的经济效益最大化。投资估算包含项目从决策阶段到建成投入使用过程中产生的全部费用。而绿色建筑在智能照明控制系统、给排水系统、蓄冷蓄热系统、雨水回收系统等方面增量成本的复杂性，都对相关投资估算、经济评价的精确程度提出了更高要求。面对绿色化住宅建筑这种成本构成更为复杂的开发对象，决策阶段的决策人员必须具备更丰富的工作经验及相关知识储备。

（二）绿色化住宅建筑设计阶段

设计师应该以节约能源、生态和谐、健康舒适、优化环境为原则，使建筑达到在声光环境、能源环境、水热环境、智能化等方面的设计要求。且在建筑物的体型布局上，设计师应该减小建筑物的体形系数，以便可以节省采暖和制冷的能源消耗，同时应结合环保的设计理念构建保暖隔热系统，这样既可以提高住宅建筑的舒适性，又可以节省能源。因此，相较于传统住宅建筑，绿色化住宅建筑在设计阶段的考虑更加全面，在设计上更加贴合生产生活的需求。

（三）绿色化住宅建筑施工阶段

相较于传统住宅建筑，绿色化住宅建筑施工阶段更具特点。首先，绿色化住宅建筑项目施工过程中各项繁杂的技术工艺、现代化设计都加大了质量风险，甚至影响工程顺利施工，降低了项目建设的社会效益和经济效益。其次，随着我国新型城镇化的不断推进，城市各项建筑基础设施不断完善，绿色化住宅建筑项目施工环境更为复杂。因此，为确保绿色化住宅建筑顺利施工并保障其经济效益，施工方在施工过程中要做好施工技术交底，并按图做好预埋预留，注意施工方法的选择与使用。

（四）绿色化住宅建筑运营维护阶段

从建筑的全寿命周期考虑，与传统建筑相比，绿色化住宅建筑的运营阶段才是真正意义上的收益阶段，它强调资源节约、环境保护、环境质量和使用者获得感。

（五）绿色化住宅建筑拆除回收阶段

现有绿色化住宅建筑多采用装配式结构进行搭建，由于装配式构件的生产方式与传统建筑构件生产方式不同，其拆除方式也有所不同。传统的爆破拆除会破坏一些可重复使用的部件，同时伴随着废物的处置和环境污染问题。而绿色化住宅的拆除可以由原来的爆破拆除改为由专业人士进行结构拆除，这样既能确保构件的完整性，又能获得一定的剩余成本，降低建筑废弃物量，达到绿色可持续发展的目的。

二、个性化住宅建筑

随着生活质量的不断提高，居民对住房品质的要求也越来越高，住宅建筑的个性化将成为购房者尤其是年轻人的第一需求。同时，求创新、求个性是建筑设计师的基本素养。在遵循自然规律的前提下，建筑设计师应从传统居住形态中吸取养分，提取要素，结合当代住宅科技特点和居住需求，设计出展现建筑地域空间文化特点和住宅建筑个性的作品。

三、舒适性住宅建筑

住宅建筑要讲舒适性，也就是说住宅建筑要在符合购买面积、户型要求的基础上，实现各功能空间的安排合理有效、分区明确，并且各功能的空间要有适当的尺度。住宅建筑的功能空间要采光充足、通风良好、利用率高，并体现一定的艺术性和超前性。对于居民交往的空间创建也是居住舒适性的重要体现，设计师应将广场、绿地、小品、通透环廊等构成统一景观，创造安全、宁静、温馨和利于交往的外部空间环境。

四、适应性住宅建筑

住宅建筑的适应性主要表现在多样性和可变性两方面。由于住宅市场需求的多样性，住宅开发建设要有一定的多样性，适合多种目标群体，通过个性化的项目，来满足日益多样的市场需求。功能的多样性和技术的可行性，使居住空间的可变性得以实现，其可变性一般是以"户"为设计单位，住区室内布置灵活多变自然提高了居住建筑的使用效率，使住宅建筑易于改造并拥有更长的使用寿命。

五、智能化住宅建筑

伴随现代科技的飞速发展，我国国民的生活得到了极大的改善。将各种智能化科技推广应用于当前的住宅建筑中，已成为一种发展趋势。在未来的住宅设计中，设计师可充分利用新型科技，并积极引入洁净的风能、地热、太阳能等可再生的环保型新能源。这样既能够节省资源，还能够增强建筑的环保性。在智能化住宅中，设计师还可以增强住宅功能、提升住宅空间的宜居性。这就需要设计师尽量选取智能化的建筑材料，如"会呼吸的墙"可明显改善居住空间环境。其实该类墙体就是基于新型材料发明的，能够自动更新房间空气，灵活调节室内热度、水汽含量等，进而营造出更舒适的环境。以上智能化的住宅建筑，能大幅提升未来住宅的质量。

第二章　现代住区的规划布局

随着城镇化进程的不断发展，现代住区的规划布局不断演进，科学合理的住区规划布局能够满足住区居民生活的基本要求，满足多样化居住需求，实现住区可持续发展。本章分为住区住宅用地的规划布局、住区公共建筑的规划布局、住区道路的规划布局、住区绿化景观的规划布局、住区环境小品的规划布局五个部分。主要包括住区公共建筑的概念，住区内部和外部公共建筑规划布局，住区道路规划布局的必要性、原则和要求，住区绿化景观的规划布局风格、原则及基本要求，住区环境小品的分类、规划布局的基本要求等方面内容。

第一节　住区住宅用地的规划布局

住宅用地是人们日常生活居住的房基地，住宅用地的主要功能是为人们提供居住的场所，住区住宅用地包括住宅建筑的基底占地、住区四周合理间距内的用地、宅旁绿地和宅间小路等，因此住区住宅用地的规划布局就是对住宅用地的规划和布局。

住区住宅用地的规划布局要先基于住区人口的数量进行抽象构建，经过研究大致确定住宅物质空间规划，反映到住宅用地空间规划中则为住宅空间的结构落实，这样就能大致确定住宅用地落位，然后结合住宅空间内部实际发展要求与限制条件，对各层级生活圈居住区结构做出形态控制，最终呈现出住区生活圈构建下的住宅用地的规划布局形态。

在对住区人口规模预测的基础上，规划人员要结合住区人口规模要求对住宅进行概念和数量层面上的初步规划和构建，在满足实际要求与现状需求的前提下对住宅人口进行不同层次生活圈的人口分配，逐步确定住宅生活圈层数量。对住宅用地的容量及总量进行合理控制，是保证住宅用地规划布局科学性的前提。结合住宅用地适宜性指标测算结果与城区人口规模，可以基本对住区住宅用地容量进行判断。此时获得的住宅用地容量值域上下限均为满足住区生活圈构建、城市发展建设要求的刚性约束，最终指标的选取应在满足住区刚性要求的前提下，基于特定视角对指标取值进行弹性修正，得出较为适宜的住区住宅用地规模。

住区住宅用地规划布局与城市的功能布局、结构布局、形态布局息息相关，城市功能也是影响住宅用地规划布局结构形态的关键要素。城市功能是在城市所处的区域环境影响下城市本质特征的体现，不同的城市功能决定城市内部用地布局的差异。城市功能可简要划分为生产性功能与生活性功能，两者对其内部城市住宅用地规划布局也有不同要求。以生活性功能为主的城市在进行住宅用地规划布局时，基于其城市功能的唯一性，应以构建良好城市居住环境与社会环境为目标，注重住宅用地与相关配套设施用地的规划布局关系。以生产性功能为主的城市进行住宅用地规划布局时，则应充分考虑产业板块与住宅板块的关系，在保证住宅用地与配套设施匹配的同时，要以产城融合、推动产业良性发展为目标构建生活圈住区，保证城市产业与居住功能的良好互动。

　　住区住宅用地空间的选址是进行物质空间规划布局的基础保障，地形地质、基本农田、公益林等自然条件构成的限定性要素，均是各层面城市规划编制需要严格控制的。所以在确定住区住宅用地规划布局时，规划人员应细致分析该城市的城市发展方向及土地适宜性评价。区位理论认为影响用地选址的因素主要包括地质条件、地形地貌、地质灾害、水源、生态、区位及交通，且城市中建设基础最为良好的地段应作为城市住宅用地，所以对城市现状建设基地的分析应当作为住宅用地规划布局的前提研究。

　　以人口规模为依据的住区生活圈初步构建，要在功能导向下住宅空间规划布局模式和住宅空间选址要求的基础上，对住宅空间进行住区圈层结构的落实，最终形成生活圈层构建下的住区住宅空间结构，为后续的住宅用地形态布局研究确立宏观层面的结构框架。

　　值得思考的是，由于生活圈住区在概念层面并没有明确的物质空间边界，其最终物质空间边界的确定是结合生活圈内部配套核心的服务半径、圈层内部人口规模，以及城市、社区不同层面的行政区划而实现的。在结构落实中，由于空间元素的抽象性，无法在结构层面明确各层级生活圈的物质空间边界，因此应从人口规模和生活圈核心服务半径规模入手，对住宅空间结构进行研判，在此基础上，在后续住区住宅用地空间布局形态研究中明确住区生活圈内部边界划分。

　　最后，确定住区住宅用地空间规划布局形态。住区路网形态影响住区空间布局形态的同时，也决定了住区住宅用地的布局形态。居住空间路网形态的构成直接决定居住区基本构成单元——居住街坊的街区尺度。在住区道路路网形态选择方面，规划人员应当充分结合城市实际情况、辨析不同街区对城市的适宜程度，最终科学选取路网形态模式。在住区层面的住宅用地规划布局中，规划人员应结合住区规模，将研究重点放置于 15 分钟、10 分钟生活圈的规划布局中。该层面的住宅用地布局即为传统住区总体规划层面住宅用地的布局，其基本任务是确定住区大类居住用地的空间选址，确定居住空间与住区内部其他功能空间的构成关系。

由于住区服务设施的用地属性均属于住宅用地大类，在规划编制中，住宅用地的构成模式与住区服务设施的选点方式均属于住区住宅用地规划布局的研究范畴。在住区层面的住宅用地规划布局中，规划人员应注重住区内部住宅用地构成模式，该层面的构成形态布局即为传统住区详细规划中住宅用地的规划布局。

第二节　住区公共建筑的规划布局

一、住区公共建筑的概念

广义的公共空间就是公共设施所占用的空间，狭义的公共空间是指居民在日常与社会生活中可以公共使用的室外空间。周俭在《城市住宅区规划原理》中提到住区公共空间是指承载居民日常邻里生活的住区户外空间，包括公共绿地、公共服务设施、开放的公共场地、住区主要道路等。

综合以上概念，住区公共空间是在住区用地范围内由住宅建筑及其他建筑实体围合限定而成的外部空间，是由具有私密性的住区生活向开放性的城市生活过渡的空间，包含了绿化场地、活动设施、各类景观小品及公共服务设施附属空间等一系列与居民生活息息相关的内容，是住区居民进行娱乐、观赏、休憩、交往等户外活动的场所，承载了居民的日常邻里生活。

住区公共建筑就是在住区公共空间内的各种建筑，根据公共空间的广义和狭义概念，可以将住区公共建筑的规划布局分为住区内部公共建筑规划布局和住区外部公共建筑规划布局。

二、住区内部公共建筑规划布局

住区内部公共建筑的最大特点在于能够为居民遮风避雨，无论春夏秋冬，居民都能开展相应的活动，但内部公共建筑的建造及维护成本高于室外建筑，普通住区较少额外配建更多室内公共空间。

住宅走廊与楼梯间的规划布局根据建筑层数、高度以及平面布局而有所差异。不设置电梯的多层住宅楼，根据规范可采用开敞楼梯间，在设计中为降低住宅公摊面积，一般情况下会尽量控制走廊、楼梯间面积，这部分空间除承载交通、疏散功能外，较难拓展其他功能，但也经常出现居民在走廊、楼梯间存放杂物、停放自行车等情况。居民使用楼梯通行时一般较少停留，所以邻居在走廊、楼梯间交流的概率较低。带有电梯的住宅楼，因与电梯配套需要设置电梯等候厅，所以走廊及电梯间的面积会明显增大，高层住宅楼根据防火规范，还需设置电梯前室，室内公共空间会进一步增加。宽敞的电梯厅及前室对于居住空间有限的居民来说非常具有诱惑力，因此在此类空间内存放杂物的现象并不少见，甚至经常出现在临近入户门的公共走廊内摆放储物柜的现象。配备电梯后，通过楼梯的居民数量会大幅下降，楼梯承担的日常交通量非常少，因此楼梯间被侵占的概率也很大。居民使用电梯时，或多或少都需要一定的等候时间，在电梯厅、电梯内接触到邻居的概率大幅增加，发生邻里交往的概率也随之增加。高层住宅楼电梯使用频率较高，在电梯内投放广告的现象也非常普遍。

住宅楼门厅作为室内外空间的过渡交通空间，承担着巨大的交通量，除电梯直接通往地下车库的情况外，居民出入都需经过此处，因此住宅楼内的信报箱、公示栏等常常设置于此，北方地区有保暖、节能的需要，门厅还能起到防寒门斗的作用。相较于居住区室外空间，住宅楼由门厅开始开放度降低，门禁系统一般也设置于门厅内门或外门。对于一些高档住宅，传达室、服务台、值班室等公共服务设施也多设置于门厅，使门厅成为更便捷的公共服务空间，此时门厅所需的面积也相对增大，但对于经济型住宅，更大的门厅也意味着更大的公摊及建设成本，此时压缩门厅面积，仅满足最基本使用需求的情况也不少见。

住区内建造地下车库的主要目的是解决私家车停放问题，一些噪声、震动较大或电路较多的机电设备用房也多与地下车库结合，同时，很多居住区地下车库兼具防空地下室的功能，以备紧急情况时使用。地下车库除提供停车空间外，部分居住区在其中配备洗车房或自助洗车设备，方便居民使用。地下空间自然采光较差、通风不畅，因此环境并不很好，居民多数情况下停好车后会立即离开。国内有部分案例通过安装导光管、天窗等手段提高地下车库环境质量，但因造价较高等并未普及。

文化活动室能够为居民尤其是老年人提供更好的活动空间，尤其在北方地区，进入冬季后，不适宜在室外进行活动，老年人在室外滑倒的风险也非常大，因此文化活动室在北方地区非常受老年人的欢迎。

三、住区外部公共建筑规划布局

为满足居民回归自然、与自然和谐相处的需求，需提升居住区环境品质，对居住区进行绿化建设。在进行土地开发时，有关部门也将绿化率定为硬性指标，以保证居住区中的绿地量。绿化景观不仅能使居民在观赏的过程中放松心情，同时具备改善区域小气候的作用，在城市土地资源日趋紧张的今天，绿化景观也不仅仅承载观赏的功能，其与休闲小品、道路系统的结合使居民能够更深入地与自然接触，提高土地利用率。

有了绿化景观之后，便要辅以桌椅、亭台等休闲小品。住区内设置凉亭、游廊等休闲小品，不仅丰富了景观内容，而且具有一定的实用性，为居民提供了更加丰富的室外公共交往空间。

住区内的硬化场地按布置位置及规模大小可分为小区广场和宅间空地等类型，这类空间场地开阔、设施丰富，住区内的景观也多围绕这些空间布置。居住区内广场一般位于小区的中心或轴线位置，在整个居住区当中拥有最高的开放度，可接纳的人群范围最广，能够进行的活动种类也最多。宅间空地较安静，在人车分行与部分人车混行道路系统模式下，宅间空地安全性较高，适合儿童玩耍，结合桌椅、凉亭等设施，又能形成很好的邻里交往空间。

住区内部道路系统承载居民的日常通勤功能，主要有完全人车混行、部分人车混行与人车分行三种模式。完全人车混行模式是将人行道与车行道进行捆绑建设，这种做法使住区内道路系统结构简单，建设、维护成本相对较小，适用于经济不发达、机动车保有量不大的地区，道路及停车位离住宅比较近，对开车出行的居民来说比较方便，其缺点是对行人而言安全性较低，且人行道路容易被停放的机动车占用。人车分行模式道路系统需要对人行道与车行道分别设置，建设及维护成本略高，但人车交通互不干扰，可以给居民提供安全的通行环境，老人、儿童出行更方便，居民也更方便借助步道系统进行慢跑等锻炼活动。在部分人车混行模式下，居民可将车停在离家较近的位置，在组团或宅间位置还可以布置独立的步行系统，提供部分休闲活动的空间，其缺点是步行系统规模有限，道路长度不适宜体育锻炼，人车混行路段安全性略低。良好的居住区道路系统，既要能提供通畅的出行条件，又要能为居民提供休闲、交往、锻炼的空间。快捷的居住区车行道路不一定能给居民留下非常深刻的印象，但如果每天刚出门就被堵在小区里一定会给人非常糟糕的体验，继而使人们对居住区品质满意度降低。居住区车行道路系统的车道设置、停车位置、与城市道路的接驳都会影响其通行效率，混乱的机动车管理，也容易造成消防通道、消防登高场地被占，形成安全隐患。对步行道路而言，首要要求是安全，其次是方便。安全的步行系统提供给居民的不仅仅是通行的工具，而且能够使老人、孩子独立在居住区内散步、玩耍，与车行道路系统分离也能从侧面辅助提高居住区内机动车的通行效率。方便的步行系统可以减少居民在居住区内的通行距离，对于规模较大的居住区，如果道路设置过于生硬刻板，严格按照经纬直线布置，居民可能会多走很多路，这种情况下"抄近道"的情况就会发生。与绿化景观结合的步行系统在给居民带来舒适通行体验的过程中，能够吸引居民前往进行散步、休闲等活动，延长居民主动在道路上停留的时间，由此也会增加居民间交往活动的发生概率。

为满足住区居民进行体育锻炼的需求，越来越多的居住区开始配建有专用体育运动场地。新老住区体育运动场地在场地面积、设施数量、维护等方面差异较大。新建居住区当中，篮球运动场地、羽毛球运动场地或综合运动场地已经逐步开始普及配建，能够为体育活动提供较为开阔的场地，但在质量上有较大差异，较好的场地会采取专业面层材料铺设，为体育运动提供更好的体验，也有的小区仅是在硬化场地上画出相关标识，较为简易，但相较于老旧小区普遍缺失体育活动场地的情况已经好了很多。由于用地条件受限，建成年代较久的小区无法增设面积较大的专用体育运动场地，居民进行体育活动，多在宅间场地、道路开展，但这些小区又普遍存在楼间距较小、人车混行的情况，开展体育运动并不方便，仅适合布置简单的健身器械进行弥补。

儿童进行社会活动的最基础场所是家附近的户外空间，这部分空间的理想状态是安全、开放和游戏性强。良好的住区儿童活动场地应该要满足以下条件：首先，要确保儿童活动场地的安全性。不仅要有远离机动车通行道路的安全环境，且地面需要做软化处理防止孩子跌伤，还要有安全的游乐设施，确保小朋友游戏过程的安全。其次，尽管小区内的道路、广场、宅间空地都可以作为儿童游戏活动的场地，但配有滑梯、秋千等设施的专用场地一方面对儿童的吸引力更大，另一方面也大大增加了游戏的容量、参与者的数量，在给儿童带来欢乐的同时，还可以提高儿童的交往能力。家长在看护儿童的时候，也会进行一定的交流，年龄相近儿童的家长较易有共同话题。

老年人尤其是退休老人，其活动能力及范围有限，多数情况都是在家中或住区附近活动，对住区内各类空间、设施的使用较为频繁，使用时特殊需求也较多。老年人在住区内的活动主要以锻炼类活动和娱乐类活动为主，且多数情况下会伴有社交活动发生，这些活动在住区内涉及的空间范围也十分广泛。无论哪种活动，相较于其他年龄段人群，老年人对场地都有更高的安全需求，丰富的空间类型、设施配备能够为老年人提供更多的活动选择，开阔的广场、宅间空地、体育活动场地能够吸引更多老年人参加集体性活动，便利的通行条件可以降低老年人外出的负担。

第三节　住区道路的规划布局

一、住区道路规划布局的必要性

自 21 世纪初期以来，城市经济的快速增长导致越来越多的居民开始选择机动车作为日常交通工具。然而，急剧增加的机动车数量增加了道路的交通压力，为追求更高的通行效率而不断扩宽机动车车道，使得原本属于居民的道路空间逐渐被剥夺。这种路权的改变，虽然为居民的快捷出行提供了一定的便利，但同时也给周边的道路环境带来了诸如交通拥堵、环境污染和噪声干扰等问题。居住区的道路空间安全性降低、功能单一，居民的空间需求无法得到满足，住区道路面临空间环境无法再生的困境。在此情况下，对住区道路进行合理的规划布局是十分必要的。

国务院于 2013 年发布的《关于加强城市基础设施建设的

意见》指出，城市交通要树立行人优先的理念，改善居民出行环境，保障出行安全，倡导绿色出行。该意见重视道路慢行交通的建设以及道路生活功能的完善，提出加强住区道路规划布局建设管理。与此同时，随着国家整体经济水平的提高，居民生活方式发生了很大的转变，人们不再局限于物质需求的满足，开始渴望精神层面的交流。人们希望道路除了要有最基本的交通功能之外，还可以具备更多的功能，成为多元生活环境的一部分。因此，住区道路的更新建设已不再是单纯的机动车道改造工程，而是应更注重道路功能完整性、基础设施布置合理性、生态景观多样性等多方面的综合建设，而平衡住区道路的快慢节奏、丰富居民的生活形式、激活道路的活力也已成为住区道路发展的必然趋势。

二、住区道路规划布局的原则

（一）整体优化原则

基础设施不可能在某一个场地中孤立存在，需要与周边环境相融合，组成一个完整的系统。这就要求在住区道路景观的规划布局设计过程中，根据不同住区场地的独特性，合理地将不同住区场地进行连通以及衔接，充分发挥绿色空间网络的功能，达到住区环境整体优化的最终效果。

道路作为住区环境中重要的组成部分，进行规划布局设计时要充分考虑道路与其他空间的联系。建设绿色的空间网络系统不是单个或多个组合的构建，而是需要从整体性角度出发，促使道路环境与住区绿色基础设施相互协作，通过传递各空间中的信息和能量，营造出和谐统一的住区景观环境。

（二）"以人为本"原则

"以人为本"原则一直是现代城市规划布局中必须遵循的设计原则。人作为住区道路空间场所主要的使用主体，会因其职业、年龄、健康状况等方面的差异出现各种不同的使用需求和行为习惯，因此要从多方位、多角度对住区道路进行更人性化的设计，以提高居民对住区环境的满意度。安全性是住区道路规划布局设计中的重要考虑因素。在布局设计中，设计人员应给正常居民提供一个安全的出行环境，同时要加强对弱势群体出行需求的关注，给予其更多的人文关怀。为有出行需求的人合理划分空间，提供一个可参与、可选择的绿色道路环境，实现交通体系的良性发展，真正做到以人为本、为人服务。

（三）生态可持续发展原则

在住区道路规划布局中，对道路绿色基础设施的建设需要站在长远发展的角度进行考虑，使绿色基础设施充分发挥各种功能。道路绿色基础设施建设强调功能生态性，在自然与人工相互协调融合的前提下，产生净化雨水、调蓄雨洪、降温增温等生态效应，为住区道路环境可持续发展带来重要的保障。在空间有限的情况下应采用纵向多功能结合的方式，提高道路多功能复合效益，并且适应时间段与需求的变化，从而实现住区道路的可持续发展。规划布局设计时要尊重道路现状地形，充分考虑对土地资源的保护和再利用，在进行最小干预的基础上最大限度地利用绿色基础设施来维系住区道路绿色空间网络的生态平衡，对道路中破损及老旧的基础设施进行自然化、生态化的完善和优化处理，打造生态可持续发展的住区道路景观。

三、住区道路规划布局的要求

（一）道路交通网络规划布局

道路交通网络设施是合理并精心组织的交通空间，遵循的是"步行＞自行车＞公共交通＞机动车"的优先顺序原则，在交通多元化的前提下，实现住区道路空间结构的最优化。

①道路规划布局要进行路权再分配。对住区道路空间进行路权再分配，倡导绿色出行的交通理念，协调道路交通与居民的关系。在道路规划布局设计中缩小机动车道的宽度，增加骑行或步行空间，改善道路交通设施断面的情况。

②调整住区道路过街安全设施设置。减小道路路口转弯半径可以有效降低住区道路中车辆转弯速度，或通过增加道路中间安全岛等方式来缩短居民过街的距离，以提高行人过街的安全性。在人流、车流量较大的路段，可以采用立体交通模式提高道路的可达性，构建可连续出行的道路环境。

③合理规划布局路灯、指示牌等功能设施。良好的道路照明设施可提高道路环境的整体舒适性，保障居民夜晚出行的安全。信息指示牌是道路设施的重要部分，具有传递信息和引导方向的功能，应合理设置指示牌内容、位置及大小，使其简单明了并引人注目，增强其识别性与可读性。

（二）道路空间规划布局

当前的住区道路大多是以满足机动车出行需求为主的通行空间，社交空间逐渐减少甚至消失，道路也失去了原有的烟火气。正如 2006 年芦原义信在《道路的美学》一书中指出的那样，道路是内部秩序的一部分，是在公共空间基础之上形成的景观,从道路的自然特征、美学规律、人文特色中发掘城市空间中的视觉秩序规律。道路空间包括街边宅旁绿地、社区街角公园、小型树林、道路游园、主题广场等空间。住区道路空间的规划布局营造可以从以下几个方面展开。①将空间中的各类设施与景观要素进行区分与整合,采用破硬复绿、见缝插绿、立体植绿等措施拓宽更多绿色交往空间的维度,将道路环境与绿色交往空间融合发展,创造完整的绿色空间系统。②注重道路交往空间的规划布局营造,通过内部空间与外部功能衔接来"柔化"住区道路及建筑的边界,促进居民在公共区域的互动与交流,增加道路的活力与人情味。③将绿色交往空间与人行道结合,增加道路各空间的可达性,使居民拥有良好的慢行体验,从而提高人们前往交往空间的积极性,将住区道路景观与居民日常生活紧密结合,形成生态可持续发展的人文住区道路环境。

(三)道路雨洪处理设施

住区道路雨洪处理设施主要是指采用生态化手段来改善道路排水、进行洪涝治理以及雨水净化处理等,控制雨水径流并将雨水收集、处理、储存和再次利用,在净化雨水、减少水污染的同时维护雨水平衡及生物多样性,具体规划布局措施包括在道路中设置雨水花园、植被浅沟、生物滞留区和透水铺装等生态设施。通过道路雨洪处理设施将道路中的封闭区域及灰色空间进行连接与整合,改善区域死角,能够实现对道路环境的绿色更新,既可以达到美化道路景观的效果,也能助力住区景观生态可持续发展。道路雨洪处理设施通过结合自然资源与市政传统基础设施的方式可以实现自然环境利用率最大化,并减少政府前期的资金投入以及后期养护费用。住区道路雨洪处理设施的设置需要做到以下几点。①设置绿化带及雨水花园。将部分绿植结合蓄水池形成雨水花园，对雨水进行收集、净化并储存，防止未处理的雨水直接排入下水道造成城市水污染，最大限度地提高道路的生态持续发展性。②设置生物滞留设施。在地势低洼的地方合理规划布置植草沟和生物滞留池，利用碎石与植物过滤净化雨水，通过横向连接有效调度水源，从而在有限空间内丰富生态景观并保护生物资源。③合理使用新型透水材料。透水铺装是节约水资源、改善环境的重要措施，通过收集雨水可以有效缓解道路地下排水系统的压力，下渗的雨水通过透水性铺装及其下部透水垫层的过滤得到净化，从而产生良好的生态效益。

第四节　住区绿化景观的规划布局

一、景观及景观规划布局

住区景观作为城市公共空间的重要组成部分，承载着城市绿化、生活、生产活动和居住环境美化等多方面的功能，尤其是住宅小区内的景观设施，以点状分布在各处，连接着人与环境之间的交流活动，因此人们对住宅小区景观设计和景观设施的重视程度逐渐提高。

住区景观规划布局一方面围绕人展开，遵循"以人为本"的设计原则开展设计活动；另一方面，景观规划布局要遵循自然规律，因为世间万物皆由大自然所创造，这也是景观学所追随的真谛；此外，景观规划布局还需要崇尚科学，利用各种先进的手段和技术并且站在审美的角度去发挥艺术创想，最终创造出一个和谐宜居的、自然的、具有人文气息的景观空间。景观规划布局是有益于人与环境共生的，因此它的规划目的是保护、维持生态环境，创造美的人文景观及记录人类文明发展史等，但它的终极目的非常直观，那就是为人类创造出满足需要并且可以使人通过各种途径感知的、优美宜居的环境。

住区景观规划布局在住区设计中占据着重要地位，为居民的日常出行、休闲观景及生活活动提供空间场所，是居住区中无法避免与人产生联系的一部分。就目前而言，住区景观规划也可以说是当下社会满足城市规划需求和人居生活需求的智慧的方式之一。它是人居环境的直接体现，集中体现了生态理念和人性化理念。其作为住宅建筑的外部环境，同时也是住区内部公共区域，连接着人、环境、建筑的相互关系，具有为居民的日常休闲生活提供场所、满足绿化要求、丰富整体居住环境、增强人性化和互动化体验感、提高居民生活质量等多方面的重要意义。

二、住区绿化景观的规划布局风格

（一）现代简约风格

当下，在住区的绿化景观规划布局中，人们更喜欢运用简约的线条、现代的规划布局方式来划分各个功能区，使景观的形式、空间得到简化，促进了居民与环境之间的交流。这种现代简约风格以最简单的规划布局手法，表现出空间规划布局的流畅性以及层次的分明度，突出了住区绿化景观规划布局的生态化，对于居民也更实用。

（二）新中式主义风格

在传统理念下，结合现代的文化特点、思维，形成了古典气息与现代简约风格相融合的新规划布局风格。新中式主义绿化景观规划布局风格受到古今生活方式及文化差异的影响，依据现代的审美需求，兼顾传统规划布局手法和现代居民生活需求，追求简洁和大方的风格特征，考虑景观特色、规划布局手法及景观意境，规划设计出高水平的新中式主义风格住区景观。

（三）自然园林式风格

自然园林又称山水式、风景式或不规则式园林。自然园林的特点不同于普通园林，自然园林风格主要模仿自然景观，追求自然形态，一般没有明显的中轴线，主体不一定是建筑，主体两侧也不要求对称。中国古典园林多为自然园林。自然园林的要求是，地形地貌要起伏多变，水体岸线要弯曲，伸缩宽度要顺形，道路走向要弯曲，建筑、园林小品、石块的布局要不对称，植物配置应以单株、丛生或群生植物为主，尽量表现自然群落状态，不作等距配置，不作人工整形修剪。

（四）法式园林风格

法式园林风格并不是一成不变的，其随着国家和民族间的交流和融合不断变化。这种景观形态几乎是靠人工完成的，在园林平面中规划布局各种优美的图案，再运用数学中的对称轴方法，园林景观规划布局必须沿轴线对称，不能偏离。因此，规划人员在住区景观规划布局中应重视轴线的划分。一条成功的主线能够统领整个格局，保证景观空间分布的均匀性。

（五）新亚洲主义风格

新亚洲主义风格是以城市历史文化的特点为规划布局根基，运用现代的规划设计语言，提取地方传统文化元素，并且融入西方优秀规划布局手法，在满足人们追求现代、时尚、简约风格需求的同时，将我国的传统地方文化特色表现得淋漓尽致。华丽与时尚、简约与庄重、艳丽与低调等风格充分融合在一起，形成了新亚洲主义的住区景观规划布局风格。

三、住区绿化景观的规划布局原则

（一）"以人为本"原则

住区绿化景观的规划布局离不开对人的关注，因此，"以人为本"的原则和人文主义精神应贯穿住区景观规划布局住宅小区设计的全过程。在对住宅小区进行规划布局时，首先应了解使用者的需求并观察使用者的行为活动，根据其行为活动的差异性，有针对性地进行优化设计。与此同时，也需对当地的历史文化、经济发展、生活方式、人性价值观等方面进行综合考量，在展现人文主义精神的同时，让景观创造更多的附加价值。

（二）创新性原则

运用创新性原则，可以打破以往景观单调、无人参与、无人使用的状态，同时，现代科技的运用也能促进互动方式的创新，以更新颖、更具感染力的方式将人与自然的距离拉近。随着科学技术的高速发展，新的科学技术也将更多地运用在人们的日常生活中。绿化景观规划布局结合新的科学技术在为人们带来更加奇妙的视觉艺术感受的同时，也在不断地变化与发展。例如，如今已被广泛使用的人机交互技术、VR 红外线感知技术、声控技术等，都使绿化景观规划布局实现了进一步创新，同样是视觉刺激，但更新颖的方式会带来更强烈的体验和感受。

（三）预见性原则

拉特里奇在他的《大众行为与公园设计》一书中提出了三条法则，其中最具有代表性的一条法则表述的内容是："如果我们不愿意以一种可以预见的方式在未来把某个事物加以使用，那么一开始就不应该把它放在我们已知的视野之中。"住区绿化景观规划布局就像一面镜子，它可以反映当下人们的需求以及规划布局者的思想和对场地的考量。人的需求日益变化，如果规划布局的形式是符合人们需要的，那么可以认为这个规划布局是具有预见性的。若规划布局的设计无人问津，无法满足使用者当下的需求，则该规划布局是缺少预见性的。

（四）生态性原则

可持续发展是生态学的相关理念，强调以最少的投资获得最大效益来满足人类对生态环境的需求，从而实现人与自然的和谐发展。注重生态可持续发展目的在于营造一个健康舒适、绿色的人居环境。住区绿化景观规划布局理念强调的是信息发出和反馈的过程，这个过程一定是长期的、绿色生态的、可持续发展的。这个过程可以涉及住区规划布局中的生态植物配置、环保材料运用、合理建筑布局、环境色彩选择、照明方式及空间利用等方面。

（五）在地性原则

"在地性"这一词汇最早来自我国台湾地区。20世纪90年代之前，受现代主义和后现代主义的建筑思潮影响，台湾地区的建筑缺乏本土特色，仅仅流于形式的表现。在这之后，建筑师回归本性设计，开始用设计来诠释本土文化，逐渐对本土文化有了深层次的研究。

在地性规划布局强调注重每个场地现有的特征和未来的发展，它是一种与场地紧密结合的绿化景观表达。住区绿化景观规划布局要根植于地方，根据地方的特色来进行规划布局；要尊重所处的地域环境，做到因地而在、与地同在，这是规划布局的依据，也是一种不断发展的趋势，即规划布局要随着社会的发展、人们的生活状态变化而不断做出改变。

（六）经济适用性原则

住区的商业性和高频使用率特性决定在其后期的维护中应遵循经济适用性原则，不能盲目追求"高大上"违背人居环境建设的初衷。构建经济适用的，且能反映城市文化内涵的人居绿化环境是住区绿化景观规划布局的理想目标。

四、住区绿化景观的规划布局基本要求

（一）道路绿化景观

住区的道路是用来连通区内的各个节点的，可分为主干道、次干道和园路。主、次干道连接住区主入口、主要功能区和居民楼，也是居民休闲健身的主要场所。道路景观可根据不同需要设置不同的观赏路线。园林道路最主要的功能是对景观

内各分区进行分割和整合，通过对道路进行合理组织，将起伏的地形、各类景观和不同的建筑完美地连接成一个整体。园林道路还承载着接待引导游客、绿化养护、景观设计管理等功能。

道路环境直接影响居民的出行体验以及外出活动的频率，随着机动车道越来越宽，居民休闲步行通道被严重压缩，同时工作生活的压力也使人们越来越希望能有一个可以进行日常邻里交流、休憩的空间场所。但由于旧城区住区的空间局限使得道路规划改造受到很多限制，除去必要的机动车交通场地，可供居民进行室外活动的空间严重不足，因此对道路进行弹性化规划布局，在有限的空间内实现多功能融合、功能多空间叠加、多时段空间利用是目前住区道路规划布局的首要任务。

①住区道路空间多功能融合的规划布局。道路作为一个场地开放且功能多元的住区空间环境，它的多功能融合并不是简单的横向或纵向叠加，而是各区域功能相互渗透、相互融合。根据人们的不同需求，住区道路在满足基本交通需要的同时要尽可能实现功能的多样化，提高居民对道路场所使用的频率，并增强道路的活力。道路中的多功能融合主要体现在将线状、面状或网状的景观形态与道路功能空间相结合，实现恢复自然水文平衡、保护生物多样性和调节道路微气候等多种生态功能，实现慢行与快行交通相结合以及街边交往空间共享等多种使用功能。例如，雨洪处理设施的设置不仅起到管理雨水的作用，还集娱乐、教育、生态及经济多种功能于一体。在道路合适的空间尺度内可以模拟自然的水文形式营造雨水花园景观，将绿化植被与叠石景观及公共服务设施结合，实现局部雨水的下渗、净化以及储存；也可以在地势较高的位置设计小型叠水景观，实现低处到高处雨水资源循环流动和再利用，在抬

高的场地中种植花卉和灌木并在周围用座椅围合，美化道路的同时为行人提供驻足欣赏与休憩的场所。

②住区道路功能多空间叠加的规划布局。道路功能的多空间叠加是指同一功能在不同空间的功能叠加，在有限的空间区域内实现功能的最大化、节约土地资源、丰富道路空间形态、提高道路空间的使用率。叠加空间的处理是道路功能组织的关键，在对道路空间进行划分时要保持自然要素功能与道路功能的融合，从而提高道路功能连续性以及居民视觉观赏的连续性，包括绿色道路基础设施构成形态的连续性和时间维度的连续性，以及各构成要素有序串联实现的道路功能整体性。运用绿色基础设施在住区道路中横向和纵向空间的叠加，加强住区道路景观环境的秩序感，能够形成完整而有节奏的道路景观环境。例如，将绿色雨洪处理设施与道路中市政基础设施相结合，交错布局，能够实现雨水的生态利用，降低道路积水及洪涝的概率，同时保持生物多样性；将道路中共享交往空间与慢行空间和景观绿化设施结合，可以实现功能的有序串联，发挥最大的功能效益；道路空间中除了沿街设施外还增加了部分立体设施结构。这些道路景观相互叠加与影响，形成相互促进、功能连续的环境整体，提升道路景观价值。

③住区道路多时段空间利用的规划布局。基础设施在住区道路景观空间中除了要具有丰富的功能维度外，还需考虑同一空间在多个时段的利用问题，即在同一场地空间中的不同时段内构成道路绿色基础设施的物质要素可以提供多种功能，来满足多元使用人群的各种需求，且各物质要素在彼此制约的同时应形成完整的生态循环系统。居民对道路空间的使用具有时段性，表现为人们在不同时间区段的使用需求差异。例如，同一空间，在早晨是老年人散步晨练的活动场所，中午

就成为家长接送孩子等候聚集的区域，晚上则是青少年运动健身的活动空间。因此，要想对住区道路景观进行多时段的空间利用，就需要在规划布局设计时充分考虑居民各种不同行为需求，为居民提供功能多样的且具有互通性功能的道路景观。由于基础设施本身具有自然生态性，其形态会随时间变化产生不同的功能与景观效果，因此在进行规划布局设计时，需要考虑绿色基础设施在时间维度上对道路景观空间的影响，根据使用者需求特点设计出可随时间维度变化灵活使用的空间，注重功能的多元化与场地的包容性，合理组织人流动线，协调环境的舒适度，形成具有弹性特征的住区道路景观。

（二）植物绿化景观

植物绿化景观规划布局设计的内涵是遵循地理环境和植物生长发育的规律，并结合景观设计的艺术结构、生态环境保护和园林相关知识进行设计，从而形成结构合理、功能齐全、环境优美的空间环境。植物对于景观规划布局设计有重要作用，它们不仅具有观赏性，还具有生态防护、改善环境的作用。在现代景观规划布局设计中，可以将草本植物和水生植物的不同颜色、质地、形状、气味结合起来，充分发挥植物的自然美和生态效应，创造出空间变化、色彩变化、香气变化的自然生态平衡景观环境。由此可见，植物在景观规划布局设计中有着不可替代、极其重要的作用。

在景观规划布局设计中，植物具有三种作用：美化、香化作用；对自然生态的保护作用；调节气温、湿度，改善小气候的作用。

结合以上分析，在植物造景及配置的规划布局中要考虑以下几点。①树种的选择要多样化，这样会增加景观的生动活泼感。②既要注意乔木与灌木的结合，又要注意花草的结合，设计中应该有常青树和落叶树。③植物配置应考虑季节变化，实现四季有景、步移景异的效果。④树种配置应注意垂直层次结构和色彩搭配，并注意将丛栽与孤植相结合。

（三）铺装绿化景观

居住区的地面铺装不仅具有使用功能，而且在一定程度上体现了文化和景观的功能。不同的功能区，应该采用不同的绿化铺装网。常用的铺装材料有沥青、混凝土、花岗岩、石灰石等。

铺装还承载着居民的日常活动功能以及提供观赏、交往空间的绿化景观功能。合理的铺装会为规划布局设计增色不少，也会配合景观更好地烘托氛围。在此情况下，地面铺装不再是简单的填充，而应在规划布局设计时，给予其更大的空间。

（四）水体绿化景观

水是万物之源，自古以来，中国人就爱与水亲近。在景观规划布局设计中，水景更是扮演着重要角色，好的水景布局设计可以为景观增色许多，也是优化人们居住环境的一大途径。在住区绿化景观中起到调节小气候作用的绿化景观当属水体景观，园林景观中有多种形式的水景。一般来说，根据水的形态，绿化水景可以划分为以下几种类型。

静水：住区园内以湖、池等汇聚水面的水景形式出现，具有宁静、清澈的特点。园林静水可以净化环境，划分空间，丰富环境色彩，增加环境氛围。

流水：河流、运河等带状水流系统，受特定河道的限制，由水流速度、水深的变化而产生动态效应，从而产生丰富的绿化景观效果。在住区绿化景观规划布局中，水通常具有组织水系和景点、连接住区园林空间、聚焦绿化景观的功能。

落水：水流从高处落下引起的水景形态的变化，因水幕从高处落下而得名。受落差和出水口形状的影响，落水形式多种多样，如瀑布落水、墙体落水等。

压水：水在压力作用下，以一定的方式、角度形成喷水形式后，压水往往表现出强烈的张力和气势。在住区现代园林中，压水往往被放置在广场上，或与雕塑结合使用。

（五）景观小品与设施绿化景观

景观小品的功能是为居民生活提供方便，还可以实现一定的观赏效果。景观小品在住区中常常表现为廊架、景观亭、座椅等形式。景观小品的大小应根据场地的大小变动，色彩的选择要配合整体设计的方向。住区景观小品基本具有两个功能，即使用功能和精神功能。景观设施可以流畅地划分空间，对场地起到点缀作用，特色的景观设施还能展现出城市的历史文化内涵，增加居民生活的趣味性。

（六）照明绿化景观

景观照明不仅要具有照明的功能，还应起到艺术装饰以及对环境的绿化、美化效果。在设计照明规划布局时，需要先从住区的整体景观出发，在重要节点处加以着重设计，使住区在夜晚呈现出独特的美景，为居民通行和外来人群购物、用餐提供灯光环境。

住区绿化景观的规划布局发展风格不再单一，各类设计风格如雨后春笋般涌现，各风格之间逐渐融合。我们要取其精华，去其糟粕，不断探索最适合住区的专属景观风格。

第五节 住区环境小品的规划布局

一、住区环境小品的分类

住区作为城市中重要的休憩场所和交往空间，是高密度人群聚集区域，住区环境的优劣不仅关乎住区整体环境品质，也影响着住区居民的身心健康。住区环境作为有机的整体，主要由建筑物、道路系统、室外活动场地、景观绿化系统等要素共同组成。

建筑是环境的构成要素，环境是建筑依存的前提条件，建筑与环境的和谐反映住区整体规划布局的合理性；道路系统不仅要满足居民的出行需求，更是住区环境结构的骨架和基础，它还对住区室外空间划分起着至关重要的作用；室外活动场地是居民进行户外活动的重要场所，在满足居民休闲娱乐活动需求的同时还需兼顾满足消防疏散的需求；景观绿化对调节住区微气候、美化室外环境有着重要作用，合理的绿化布置还可以净化室外空气、减少噪声污染。

住区环境小品对于居民进行室外活动来说是必不可少的，是室外环境装饰的重要组成部分。环境小品虽然体量不大，但形式丰富，数量较多。住区环境小品对美化住区环境和满足居民的精神生活起着十分重要的作用，住区环境小品包括住区的花盆、花箱、座椅结合桌、大树、花坛、水池、垃圾箱、标识等。

住区环境小品按使用性质一般分为以下几类。

①建筑小品：休息亭、廊、书报亭、钟塔、售货亭、商品陈列窗、出入口、宣传廊、围墙等。

②装饰小品：雕塑、水池、喷水池、叠石、花坛、壁画等。

③公共设施小品：路牌、废物箱、垃圾集收设施、路障、标志牌、广告牌、交通岗亭、自行车棚、消防龙头、灯柱等。

④游憩设施小品：戏水池、健身器械、座椅、坐凳、桌子等。

⑤工程设施小品：台阶、挡土墙、道路缘石、雨水口、管线支架等。

⑥铺地：车行道、步行道、停车场、休息广场等区域的铺地。

二、住区环境小品规划布局的基本要求

住区环境小品的规划布局应与住区的整体环境协调统一。住区环境小品应与建筑群体、绿植等密切配合。综合考虑，住区环境小品要符合住区环境规划布局设计的整体要求以及总的设计构思。

住区环境小品的规划布局设计要考虑实用性、艺术性、趣味性、地方性和大量性。实用性就是要满足使用的要求；艺术性是要达到美观的要求；趣味性是指要有生活的情趣，特别是一些儿童游观器械应适应儿童的心理；地方性是指环境小品的造型、色彩和图案要富有地方特色；至于大量性，就是要适应住宅小区环境小品大量性生产建造的特点。

①建筑小品。休息亭、廊大多配合住宅小区的公共绿地布置，也可布置在儿童游戏场地内，用来遮阳和休息；书报

亭、售货亭和商品陈列橱窗等往往配合公共商业服务中心布置；钟塔可以配合建筑物设置，也可布置在公共绿地或行人休息广场；出入口指住区和住区组团的主要出入口，可配合围墙做成各种形式的门洞或用作过街楼、雨篷，其他小品如雕塑、喷水池、花台等可组成入口广场。

②装饰小品。装饰小品主要起美化住区环境的作用，一般重点布置在公共绿地和公共活动中心等人流比较集中的显要地段。装饰小品除了要丰富住区面貌外，还应追求形式美和艺术感染力，可成为住区的主要标志。

③公共设施小品。公共设施小品规划布局和设计要在满足使用要求的前提下，对其色彩和造型都进行精心考虑，否则会有损环境面貌。如垃圾箱、公共厕所等小品，它们与居民的生活密切相关，既要方便群众，又不能设置过多。照明灯具是公共设施小品中数量较多的一项，根据不同的功能要求可分为街道、广场和庭园等照明灯具，其造型、高度和规划布置应视不同的功能和艺术要求而定。公共标志是现代住区中不可或缺的内容，如标志牌、路牌、门牌等，它们在给人们带来方便的同时，又给住宅小区增强了装饰性。道路路障是合理组织交通的一种辅助手段，凡不希望机动车进入的道路、出入口、步行街等，均可设置路障，路障不应妨碍居民和自行车、儿童车通行，可用路墩、栏木、路面做高差等各种形式，造型设计应力求美观大方。

④游憩设施小品。游憩设施小品主要是供居民的日常游憩活动之用，一般配合公共绿地、广场等布置。桌、椅、凳等游憩小品又称室外家具，是游憩小品设施中的一项主要内容。一般结合儿童、成年或老年人活动休息的习惯进行布局设置，也可规划布置在人行休息广场和林荫道内。这些室外家具除了

一般常见形式外，还可模仿动植物形象进行形式设计，也可设计成组合式小品。

⑤工程设施小品。工程设施小品的布置应结合地形，符合工程技术要求，如地形起伏地区可设置挡墙、护坡、踏步等工程设施，并给以艺术处理，往往会为居住区增添特色。

⑥铺地。住区内道路和广场占地比例较大，因此这些道路和广场的铺地材料和铺砌方式在很大程度上影响住区的面貌。地面铺地规划布局设计是住区环境规划设计的重要组成部分。铺地的材料、色彩和铺砌的方式要根据不同的功能要求选择，为了便于施工往往采用预制块进行灵活拼装。

第三章　不同高度的住宅建筑设计

随着社会不断发展，人们的生活水平日益提高，城市人口数量也逐年递增，人们对不同高度住宅建筑的设计提出了越来越高的要求。本章分为低层住宅建筑设计、多层住宅建筑设计、小高层和高层住宅建筑设计三部分。主要包括低层住宅的分类与特点、低层住宅建筑的设计、多层住宅的特点、多层住宅现状与问题、多层住宅建筑设计理念、小高层住宅建筑设计、高层住宅建筑设计等方面内容。

第一节　低层住宅建筑设计

一、低层住宅的分类与特点

（一）低层住宅的分类

我国的低层住宅可分为独立式、双拼式、联排式三类。独立式低层住宅采取独门独院设计，四周有绿地和院落，私密性较强，它的建筑总面积较大，空地率较高；双拼式低层住宅

是由两栋住宅拼合而成的，三面有独立院落，它的建筑总面积
和空地率居中；联排式低层住宅是由三栋或三栋以上住宅组合
而成的，前后有独立院落，它的建筑总面积较小，空地率相对
较低，如表 3-1 所示。

表 3-1　不同类型低层住宅的相关指标

低层住宅类型	建筑总面积 / (m^2/ 套)	空地率 /%
高档独立式	≥ 350	≥ 2.0
独立式	200 ～ 350	≥ 1.5
双拼式	180 ～ 240	≥ 1.2
联排式	150 ～ 200	≥ 0.75

（二）低层住宅的特点

低层住宅在所有住宅模式中适居性最优，它不仅舒适度
高，且方便性强，宜老又宜小，它能拉近邻里之间的距离，同
时增强居民对住区的归属感、认同感，它是人性化、以人为本
的居住模式，是最接近大自然的居住模式，其中联排式比独立
式和双拼式更利于建立和谐的邻里关系和便于步行的居住环
境。杨盖尔在《人性化的城市》中强调了建筑和街道生活的相
关性，他指出层数越低的住宅对城市社区生活的参与度就越
高，低层建筑能使人们更好地融入街道生活，街道上人们的叫
卖、交流甚至是挥臂都能被感知，这种能被感知的街道生活实
际上是良好邻里关系的保证，2 层以下的住宅使人对城市生活
的感知度和参与度极高，3 ～ 5 层也可以，但在高于 5 层的住
宅就看不到也感受不到城市生活的细节了。低层住宅与室外空

间的亲和性易于提高景观和建筑在空间上的契合度，创造多层次和多样化的社区空间。低层住宅具有更丰富的住区界面，与多层和高层住宅相比更利于塑造城市文化风貌，同时层数低的特性，使其具有较强的稳定性，利于抗震。

浪费土地是独立和双拼式低层住宅最大的劣势，其低容积率、低建筑密度、每户一栋的特点造成了人均居住用地面积偏大的问题，降低了土地资源的利用率。在我国土地资源紧缺的情形下大量地建设独栋和双拼式低层住宅是较不经济的做法，但联排式低层住宅较小的占地面积和较低的空地率可以有效节约用地。其次，建设大量的低层、低密度的住宅会加大贫富差距，在地价相同的同一区域内，低层住宅的单位面积所表现出的地价要高于多层和高层住宅，房价昂贵，只有少数人能承受，久而久之，低层住宅便成了富人的专属，低层住宅这种加大贫富差距的作用机制在我国大城市中心区尤为明显，但对小城市的影响不大。因此，在大城市的边缘地区和中小城市的非中心地带兴建低层住宅较合适。另外，低密度的低层住宅易造成场地空间碎片化，形成碎片化的绿地系统，不利于营造完整的景观空间，对居民交流和活动造成影响。

二、低层住宅建筑的设计

（一）独院式住宅设计

独院式住宅一般指独户居住的单幢住宅。其特点是房屋四周临空，不与其他建筑相连，有独立的院子。院与院彼此用围墙分开；不用围墙分开的，各户之间通常通过植树、以道路分隔的方式形成小院。由于独院式住宅一户占一幢房屋，四周临空，因此建筑空间的组合有很大的灵活性。

独院式住宅平面和剖面设计受方位、地形等条件影响较小，一般都能获得良好的朝向。各户之间有一定的间隔，便于绿化，住宅环境安静，干扰少。独院式住宅的面积标准一般较高，房间的功能要求也多于其他类型的住宅，和室外环境空间的联系密切。标准较高的独院式住宅，居住部分一般包括起居室、卧室、客厅、工作室等；在有特定使用对象的住宅里还设有警卫员卧室和保姆室等。辅助部分包括厨房、卫生间（厕所、浴室、洗脸间）。此外，还有门厅、走廊、阳台、平台等。

独院式住宅一般分为平房独院式住宅和楼房独院式住宅。平房独院式住宅是独院式住宅中最常见的类型。它既适用于较小的户型，也适用于较大的户型。居住部分和辅助部分可采用前后组合和左右组合两种方式。在进行前后布置时，可将居住部分放在朝向好的位置，而将辅助部分放在较隐蔽的位置，要做到分区明确，前后门交通路线不混杂。在进行左右布置时，往往使辅助部分占据朝向较好的位置，而有些居室却得不到好朝向。楼房独院式住宅比平房独院式住宅用地经济，又因为楼层干燥、卫生条件好、不易受干扰等优势而更受住户欢迎。独户占用底层和楼层，可按不同的功能分层布置房间。通常将户内公共活动用房，如起居室、客厅、餐厅、厨房放在底层；面积允许时，可在底层安排一个次要卧室，以方便老人行动。楼梯一般有两种布置方式：一种是将楼梯直接设在起居室中，不专设楼梯间，这种形式常用于以起居室来组织交通的平面类型，这时往往将楼梯与起居室的空间进行统一考虑，如将起居室内的一段楼梯加以处理，还能丰富起居室的空间，这种布置方式的缺点是起居室易受干扰；另一种布置方式是专门设置楼梯间，这种形式多用于以厅或走廊来组织户内交通的平面类型，这样可使水平交通与层间交通互不影响，对起居室也不干扰，但占地面积较多，这种布置方式对于将上下两层分为两户的住宅尤为合适，必要时可将楼梯间与底层居室的联系隔断，从室外进入楼梯间，而变成完全独立的两户。

（二）毗连式住宅设计

如果将两个独院式住宅拼联在一起，共用一道山墙，有各自的出入口，这种形式的住宅即称为毗连式住宅，也可称为双联式住宅。毗连式住宅三面临空，平面组合较灵活，朝向好，基本具有独院式住宅的优点，但它比独院式住宅用地少，并可节省一道外墙，热工性能也较好。如果将两户的给排水管线及烟囱集中设在共用墙的两侧，还可节省管线投资。毗连式住宅一般是以共用墙为中心轴形成左右对称。采用对称布置会给其中一户在使用功能上造成不便时，也可采用非对称形式；有时为求得建筑立面的变化，达到活泼的效果，可采用不完全对称的形式。

（三）联排式住宅设计

将独院式住宅成排或成组拼接到三户以上，而且每户均有单独的出入口，即为联排式住宅，或称并联式住宅。这种住宅可保留独院式住宅的许多优点，并且在建筑用地、外墙长度及公共设备等方面比前两种住宅都经济，因而利于为较多的人提供具有独院住宅条件的住房和环境。

联排式住宅内每户至少有一个或两个临空面。组合的联排式住宅不宜过长，一般以 30 m 左右为宜。组合形式有一字形组合、成团组合、错接组合和席纹组合等。联排式住宅中最基本的组合形式是一字形成排组合，我国常见的也是这类组合形式。按院落不同的平面类型，联排式住宅基本上可分为双向院、单向院和内院式三种平面类型。

1. 双向院联排住宅

这种类型的联排住宅是前后设院。前后院都可设出入口，也可只设一个出入口。一般前院为生活院，直接与居室相连；后院作为服务性杂院或供停车用，故常与厨房、卫生间等辅助房间相邻。二层的联排式住宅比平房联排式住宅更能节省用地。在楼房联排式住宅中常将楼梯布置在居中位置。一方面由于楼梯是户内层间联系的枢纽，另一方面是为了把采光通风较好的位置让给居室和厨房等房间。这种布置可以争取较大的进深，从而缩小面宽，有利于节约用地。当住宅进深不大时，楼梯可靠北设置朝向外墙，以便间接实现采光和通风。户内以楼梯为中心组织交通，交通面积少而紧凑。楼梯下空间布置底层厕所及后院贮藏室。

2. 单向院联排式住宅

这种类型的住宅仅在一面设院落。一般院落设在出入口一面，它与双向院住宅相比，除少了一个院落和出入口外，在布置上并无太大区别。这种类型的住宅可节省用地，节省街坊道路和其他公共设施，但朝向、户内通风均会受到影响，因此每户进深不宜太大。

3. 内院式联排住宅

庭院被房屋三面或四面所包围的联排住宅称为内院式联排住宅。它的组合形式较多，一般内院不大，由于院被包围，因此院内较隐蔽、安静，夏季受荫面积大，对于炎热地区能有一个阴凉的室外活动空间，可把室内的某些起居活动移至内院中进行；冬季时，北方内院可防风沙，但日照条件不如前两种住宅类型好。

此外，内院空间也不如外院宽敞开阔。联排住宅各户的面宽和外墙有限，因此除了在平面组合上尽量创造条件满足采光、通风条件外，还需要通过剖面设计来弥补采光、通风的不足。

同时，还可通过剖面设计使空间得到充分利用。一般做法如下：①利用屋面高差解决户内的采光、通风问题。联排住宅因进深大或者由于某种拼接形式（如席纹组合、相背两户组合等）会使户内某些部位采光、通风较差。在单层联排住宅中对前后两部分可利用相邻屋面的高差作为采光、通风口。②竖向空间的组织和利用。联排住宅的竖向空间可以有一定的变化，例如，用错层的方法安排不同层高的房间。一般住宅的前半部可安排层高较高的房间，如起居室、主卧室等，后半部常安排层高较低的房间，如厨房、卫生间、次卧室等，用楼梯将两个不同层高的部分连接起来，可成为错半层组台，方便使用。还可利用一部分屋面作为晒台。在采用坡屋面的联排住宅中，可以对屋顶内的空间加以利用，作为贮藏室或次要卧室。在城市职工住宅中可否利用低层住宅的有利条件，克服其缺点也是值得进一步研究和探索的。由于降低了层数，因此造价降低，投资收效快，且有利于抗震，低层住宅每平方米造价比五层砖混结构住宅每平方米造价降低14.2%。街坊内设置小型里弄花园，把绿化设施、道路、广场、庭院等与住宅密切配合，使高密度住宅群体空间尺度亲切，改善和提高了环境质量。

第二节　多层住宅建筑设计

一、多层住宅的特点

多层住宅最大的优势在于其建筑密度和建筑层数的适中性。现今低层住宅区为了解决容积率过小的问题，提高了建筑密度，形成低层高密度住区，高层住宅区为了解决高容积率与宜居环境间的问题，降低了建筑密度，增加了绿化公共空间，而多层住宅建筑介于低层高密度建筑和高层低密度建筑之间，是一种适宜的居住模式。建筑密度过低会失去人气，显得空旷，不利于邻里交往，而建筑密度过高又无法营造一个安静舒适的居住环境。因此，多层住宅无疑是一种适中的模式，它兼具低层住宅和高层住宅的优点，既方便，又能有效节省用地，是经济性较优的一种模式。

另外，多层住宅低廉的建筑成本和造价也吸引着投资者。与高层住宅相比，多层住宅的建材既便宜，又便于施工，且生产周期还短，维护费用较低。对居住者来说，由于基本不用装电梯，多层住宅的公摊面积要比高层小得多，即使是一些装电梯的多层住宅，其公摊面积也远小于高层住宅。另外，多层住宅的朝向和通风都有保障。由于多层住宅适中的层高与户外空间的亲密性较好，居民进行室外活动和交流十分便利，有利于增进邻里关系、营造步行环境。因此，多层住宅无论是在施工、投资上，还是在使用上，其可行性都很高，对开发商和居住者来说都是较受欢迎的模式。

多层住宅节能性一般、节地潜能不大，在节约用地上还局限于平面化的节地模式。原《城市居住区规划设计规范》（GB 50180-93）规定多层是指建筑层数为 4～6 层的住宅，但可以发现，如今达到 7 层的多层住宅已经数量不少了，目的就是节约用地，但实际上 4 层以上的住宅就不受居民欢迎了，相较于 1～3 层的住宅，4 层以上住宅的适居性较差，尤其对行动不方便的居民来说，上下楼梯极为不便。

二、多层住宅现状与问题

（一）多层住宅现状

1. 多层住宅背景

目前，我国老年人主要集中居住在 20 世纪 80—90 年代间建造的多层框架结构的一般单元式住宅。这类多层住宅建造的原因主要在于政治、经济两个方面。

①政治原因。新中国成立前，我国经济落后，人口多，城镇住房少，质量差，分配不合理，住房水平差异大，人民住房问题没有得到妥善解决。新中国成立后，国家逐步取消个人住房，大力建设公有住房，实行住房分配制度，大幅度增加住房建设投资。同时，被征收的房屋归政府所有。公有住房总量不断增加，建设规模不断增大，居住条件不断得到改善。

②经济原因。福利性住房分配制度往往存在情绪化问题，有时会引起人们的不满。经济效益不同的企业，其职工住房条件差别很大，这种制度不仅难以实现住房建设的平稳循环，而且无法从根本上解决住房问题，同时也使国家增加了沉重的社会负担。在这种情况下，国家进行了住房制度改革。与此同

时，颁布了保护私人住房的法令。"七五"期间，国家允许房地产企业建设营利性商品房，并制定了一系列鼓励个人购房的优惠政策，从而带动了多层住宅的兴起，同时拉开了我国城市住宅商品化的序幕。

社会主义市场经济体制的建立和发展，全面促进了房地产业的发展。居住环境、配套设施、平面布局、使用功能、功能设施、空间组织、结构设计和施工等问题，成为人们关注的焦点。国有土地有偿使用制度的建立，对计划经济体制下形成的城市空间结构产生了巨大影响，住房商品化改善了人们的居住条件。由此可见，城市多层住宅的建设和发展是这一时期城市政治经济发展的具体表现。

2. 多层住宅现状

（1）室内空间

采光较差、门厅面积小、无储藏空间并且通风不良；缺少老年人专用的居住卧室，空间划分不合理，未充分考虑日常需要护理的老年人的房间布置；厨房面积较小，厨房操作台高度不合适；卫生间内缺少老年人专用设备，缺少紧急呼叫装置；地面缺少防滑处理等。

（2）公共空间

雨棚面积较小、单元门入口有门槛或台阶、没有明显的标志标识、大多数单元门无电子报警按钮；门厅处空间狭小，照明设施不足，光线昏暗；楼梯踏步较高，只设置单侧栏杆扶手。

（3）垂直交通

目前，老旧多层住宅的垂直交通形式单一，仅有楼梯一种交通方式，缺少电梯等辅助设备，使得老年人上下楼极为不便。

（二）多层住宅存在的问题

目前，城市已有的多层住宅大多数为普适性建筑，是按照假定的"平均人"（就是把一定数量人群的各项机能求平均数，然后根据这些平均机能标准假定出一个样本）标准设计而成的。"平均人"标准在一定程度上适用于建筑设计和施工，但它要求居民适应居住环境，从而导致老年人的生活更加困难。人与人之间的机能有很大差异，实际上这些问题对中青年人来说可能并不明显，但对老年人来说，随着年龄的增长，身体机能的加速衰退和适应能力的不断下降，这些问题会给他们带来很大不便。

1.老年人生活习惯及安全隐患

（1）老年人生活习惯

现在，我国越来越多的独居老人的经济水平有所提高，他们的生活质量也随之不断提高，他们有更多的空闲时间来丰富自己的老年生活。老年人业余生活总体上可以总结为以下几种类型（如表3-3所示）。

表3-3　老年人业余生活类型

类型	内容
健康养生	放风筝、舞剑、太极拳、乒乓球、爬山、晒太阳、散步、慢跑等
休闲娱乐	歌唱、舞蹈、书法、养花、下棋、打麻将、画画、老年大学等
居家生活	做家务、带孩子、买菜做饭等
社会工作	从事咨询、顾问等工作

（2）老龄人口的生理特点

随着年龄的增长，老年人身体的每一部分都会开始产生不同程度的衰变，适应内外部环境的能力不断降低，感官系统功能下降，如视觉、触觉、听觉、味觉都在退化，导致老年人对环境的反应能力逐渐迟钝。

健忘是老年人神经系统退化的重要表现之一，他经常记不清刚才发生了什么。老年人神经系统的退化带来了慢性进行性智力衰退，进而演化为阿尔茨海默病。这些对老年人的日常生活造成了严重影响，会导致老年人出现反应迟钝及认知能力下降等问题，从而使老年人逐渐丧失信心及安全感，无法探索新鲜事物，同时无法及时处理一些突发情况，不能对危险情况做出及时有效的反应。另一方面，运动系统的恶化使体力、肌力下降，骨密度降低，导致老年人跌倒的概率提高。根据《中国伤害预防报告》，跌倒是导致老年人遭受痛苦的最重要因素，而老年人跌倒受伤的事故在家发生频率最高，老年人跌倒后会影响其正常生活，降低生活质量。

2. 多层住宅不适养老性问题

第一，养老专用的房间供不应求，会影响家庭的和谐，增加两代人的摩擦，家庭结构小型化的发展，减弱了传统居家养老的功能。

第二，现在居住空间的结构单一。设计者很少兼顾考虑两代人的居住需求，还有老年人的居住需求更为独立。私密性好的住宅同时减少了老年人与邻居的沟通、增加了老年人的孤独感。

第三，缺乏优化设计，仅采用无障碍设计。住宅设计只满足年轻购房者的一般要求。当用户步入老年，原本的房屋结构不适合再重新装修，也很难对空间规模重新规划时，就会体现出明显的局限性，而如果要为老年人增加一些相关设施，则会出现设施位置不可调和等问题。

第四，已有多层住宅缺乏必要的安全设施，如燃气泄漏报警装置、电子防火装置、紧急呼救装置等。现有的室内设施在细节设计、尺寸控制上也没有给予弱势群体必要的照顾，加之报警系统设施并不完善，使用中很容易发生意外。

第五，相关的建筑部件、设备、装饰材料等无法适应老年人心理和生理的变化，例如，如厕设备不符合老年人使用要求、地面材料未进行防滑处理、缺少扶手、未安装电梯等。

三、多层住宅建筑设计理念

由于我国经济存在区域发展不均衡的问题，所以东南沿海城市对于多层住宅的需求更大，要求也更高。在这些地区进行住宅设计工作时，一定要考虑人们的实际需求，以及沿海区域的环境特点，并本着舒适、科学、实用等理念来开展工作。

（一）住宅建筑舒适性设计

在满足人们现代化居住要求的前提下，对于多层住宅建筑的设计不仅仅是要能够使人"住得下"，更要能够使人"住得好"。人们生活水平的不断提高，使其对于住宅的要求不再限于空间方面，而要求住宅能够更好地满足人们的多方面需求，包括便捷性、舒适性、美观性等多个方面。沿海地区的多层住宅，受到温差影响较大，而且冬季更加湿冷，因此更加要做好采暖、光照、通风等工作。科学技术的不断发展，还要求住宅设计不仅要体现浓厚的现代化气息，还必须能营造一个和谐、温馨的家庭氛围。

（二）住宅建筑统一性设计

社会的不断发展，使得住宅建筑的建设规模、数量等都在不断增加，一般都是建设一个建筑群。所以，进行设计工作时，就一定要考虑建筑规模的影响，注重体现建筑群整体的协调美。在整个设计过程中，都应本着"以人为本"的原则，既要考虑室内布局的科学合理性，也应该考虑建筑工程外部的美观性，并在进行保温、隔热等设计工作时注意内外结合。这样不仅能够更好地保证建筑工程的使用性能，而且还会提高节能性。

（三）多层住宅设计水平的提高

通过分析我国建筑行业的发展现状不难发现，多层住宅的标准必然会随着时代的进步而不断提高，任何细小的不足都会得到弥补。不过，这些工作一定是在保证布局科学和质量达标的前提下开展的。进行多层住宅的细部设计工作时，设计师还应该注意体现房屋的文化特色，表现户主的生活态度。任何一个设计的体量、尺寸都应当从人的生理和心理角度去考虑。作为房屋的主体，人在接触建筑时感受到的那种舒适感能够最直观地反映该设计的好坏程度。所以，在设计过程当中，设计师千万不能忽视一些细节问题，从人的需求方面考虑是获取成功的最关键之处。

四、多层住宅建筑设计施工要素

（一）结构体系

多层住宅的结构体系可以分为三类：框架轻板结构体系、

混凝土空心砌块多层建筑体系、钢筋混凝土剪力墙结构体系。第一类结构体系很容易出现雨水渗漏的现象，如果采用双面抹灰的措施，就需要大量抹灰，不但增加了施工难度，而且容易出现裂缝、空鼓等现象。第二类结构体系多为钢筋式混凝土框架结构，而这一结构多处于内外墙的非承重墙部位，因此可以采用陶粒空心砌块和加气混凝土砌块等材料充当多层住宅建筑的内外墙。第三类结构体系中，多层住宅建筑的内外墙施工全部采用现浇钢筋混凝土墙，目前，已经有许多配套的外保温结构体系借助该结构来实现外墙保温防护。

（二）施工重点

1.地基施工管理

在多层住宅建筑施工中，地基施工是最关键的环节，只有保证地基施工质量，才能为建筑工程打好坚实的基础。在地基施工中，可能会出现地下室埋置深度差、基础条件复杂等问题，如果遇到这些问题，可以应用预制桩施工技术。这种施工技术具有可靠性强的优点，即使在施工现场地下水位高的情况下也能够保证地基施工质量，但是，预制桩施工技术的缺点在于施工成本较高，并且在预制桩施工时会产生较大的噪声。

2.施工材料管理

（1）混凝土

目前，我国多层住宅建筑以钢筋混凝土结构为主，混凝土施工的重要性不言而喻，因此，只有加强混凝土施工管理，才能有效保证建筑整体质量。由于多层住宅建筑施工周期长，再加上天气因素的影响，很难保证混凝土施工质量，因此，必须对混凝土强度进行试验。另外，还需要在混凝土浇筑施工中做好振捣工作，使混凝土充分受到振捣。

（2）钢筋

钢筋施工是多层住宅建筑施工的基础环节之一，在实际施工中，要做好以下三方面的工作：①施工单位要掌握施工图纸的全部内容，并且需要勘查施工现场，检查钢筋的质量和规格参数；②所有的施工工序必须符合行业操作规范，保证钢筋施工质量；③在焊接施工中，必须严格遵守相关施工规范，必须选择符合国家相关标准的焊接材料，保证焊接强度满足多层住宅建筑工程设计要求。

3. 工程预算管理

工程预算在多层住宅建筑施工管理中具有非常重要的作用，只有严格控制施工预算，才能够避免材料浪费、机械设备闲置。与此同时，工程预算管理贯穿于施工管理全过程，是保证多层住宅建筑施工有序进行的关键。加强工程预算管理，有利于提高施工管理质量，避免因资金不足而延误施工进度。另外，还需根据实际施工进度调整预算，以提高施工管理水平。

五、多层住宅建筑设计施工措施

（一）提高施工预案编制质量

多层住宅建筑在城市建设中占有重要地位，为了保证多层住宅建筑施工质量，需要加强施工预案编制管理，根据施工现场情况完善预案内容，提高施工预案合理性和可操作性。科学合理的施工预案能够为施工技术人员与施工管理人员提供参考依据，从而有效提高多层住宅建筑质量。

因此，在施工现场管理过程中，要以提高施工管理水平为目标，科学编制施工预案。预案内容必须结合多层住宅建筑项目的特点，按照施工步骤和流程有条理地进行编制，并且细化到每一个施工环节。另外，需要引入精细化管理理念，充分认识施工预案的重要性，从而为多层住宅建筑施工现场管理提供保障。

（二）加大施工监理力度

为了提高多层住宅建筑施工质量，建设企业和施工单位必须加强监理力度。工程质量监理直接影响多层住宅建筑的施工质量，多层住宅建筑施工监理活动主要包括以下内容：①加强施工质量监督管理，发现质量安全隐患应及时处理；②加强施工进度监督管理，优化施工流程，提高施工效率；③加强施工技术监督管理，提高施工技术应用水平。施工单位必须认真做好施工质量管理工作，加大施工各个环节质量控制力度。多层住宅建筑施工监理工作范围广，包括人力资源管理、施工技术管理、机械设备管理、原材料管理，建筑企业和施工单位都必须选用经验丰富、专业水平高的监理人员负责具体的监理工作，只有这样才能有效提高监理水平，为多层住宅建筑质量提供保障。

（三）加强施工现场安全管理

在多层住宅建筑施工管理中，做好施工现场安全管理工作，有利于保证施工全过程的安全性，因此，必须加强施工现场安全管理，为现场施工提供保障。同时，安全管理人员必须掌握安全管理基础知识与安全管理技术，通过考核后持证上岗。安全管理人员必须加强现场施工人员的安全教育，帮助施工人员树立安全施工意识，落实多层住宅建筑安全管理制度，与施工人员签订安全责任书，杜绝施工人员不系安全带、不戴安全帽等不安全行为，实行巡岗制度，全面排查安全隐患，降低安全事故发生概率。

第三节　小高层和高层住宅建筑设计

一、小高层住宅建筑设计

（一）小高层住宅的特点

1. 节省用地，尺度适宜

小高层住宅也是一种高层住宅，它同多层住宅相比，能够有效省节省用地。其建筑尺度也比较合适。以一幢 11 层的小高层住宅为例，其高度约为 31 m，容易体现居住建筑的特点。从观赏角度看，比较接近自然，不会太过压抑。

2. 户型优越

以单元式为例，小高层住宅同多层住宅相比，其平面布局基本相同，只是多加一部电梯，因此，具有良好的通风、采光、观景效果和良好的户内布局。由于每户分摊的公用面积并不大，易被购房者所接受。

3. 提高生活质量

仍以单元式为例，虽然小高层住宅只加了一部电梯，但起到的作用不小。据调查，在许多大城市，人口老龄化问题已十分突出。小高层住宅的电梯，将给生活不便的居民带来极大方便，有利于提高居民生活质量。就标准而言，小高层住宅基本达到欧美国家四层以上住宅设电梯的规定。

4. 投资少、工期短、难度低

小高层住宅层数较少、结构体系较简单，其对于抗风、抗震要求都低于一般的高层建筑，对于开发商来说，投资较少，工期较短，资金和人员均容易周转，且收益较好，因此较受欢迎。

（二）小高层住宅建筑的结构设计

1. 抗震结构设计

建筑抗震性能在很大程度上决定着建筑的安全性，而建筑抗震性能的好坏又取决于建筑结构设计水平，所以，为了保证建筑结构的安全性与稳定性，必须重视并提高建筑抗震性能。设计人员需要在总结地震引发的建筑倒塌事故原因的基础之上，深入分析与探究建筑损坏情况以及相关因素，找出建筑设计的薄弱环节与地震灾害发生的内部规律，不断突破创新。提高建筑结构的抗震性是保证建筑结构安全性的根本方法，如果建筑构件承载力设计不够精准合理，建筑结构抗震性能差，就会严重影响建筑物的安全性。设计人员必须加强对各种因素的分析，选择质量较高的建筑材料，不断提高研发能力与创新能力，与时俱进，开发出一套先进的软件系统，从而增强建筑结构设计的安全性。要针对薄弱部位进行抗震性能设计，采用模拟法与试验法对建筑遭受地震时的受力情况进行模拟试验，不断改进与完善设计方案。要保证建筑结构受力均匀，进一步提高建筑结构的抗变形能力。要通过合理设计达到优化建筑抗震性能的目的，保证建筑的安全性与可靠性。

2. 剪力墙结构设计

剪力墙结构是小高层住宅建筑的重要结构类型，是通过在框架结构中布置相应数量的框架柱子，灵活自由地使用空间，来满足不同住宅功能需求的。在抗震设防区域，如果没有采用框架结构，就会导致柱截面过大，当受到一定压力时，会对建筑使用功能与外观产生不利影响。在剪力墙的结构设计中，我们需要对以往发生地震的房屋进行考察与分析。当楼层最大层间发生位移时，将楼间的弯曲变形作为主要计算目标。楼房在遭受地震的时候一般都会因为受到强大的压力冲击出现弯曲的现象，所以设计人员要在对这类楼房充分考察的基础上进行设计，以避免发生弯曲而导致倒塌，造成人员伤亡。

在进行数据计算考察的时候，如果有关人员没有合理分析弯曲现象，而只是在施工的时候在所有房屋的底部留有一部分空挡，这并不能有效减小楼房发生事故的概率，在实际应用中是行不通的。我们是要从根本上减少事故的发生，在一个合理的范围内减轻震感，增强剪力墙的抗震性。

二、高层住宅建筑设计

（一）高层住宅的特点

高层住宅最明显的优势在于可以节省用地，是缓解我国人地矛盾、促进住区发展的一大措施。高层住宅能更高效地利用土地，在同样的建筑密度下提供更多的住宅面积。它能有效地利用、开发垂直方向的建筑空间，并且在提高住区容积率的同时留出了大面积的空地，形成大面积整片式的绿地空间，从而有利于布置其他活动空间和停车场地；同时高层住宅所创造的安静的环境以及开阔的视野是低层和多层住宅无法比拟的；另外，高层住宅对于开发商来说，可以增加经济效益，越靠近城市中心地带，高层住宅带来的经济效益也就越高。

从城市发展的层面上看，高层住宅是适应城市发展的。在城镇化进程的推动下，城市人口增长过快已是必然趋势，此时高层住宅从空间上解决了城市大量人口的居住问题，节省了用地。另外，高层住宅与城市空间之间具有紧密联系，对城市空间的塑造也离不开高层住宅。高层住宅有利于美化城市天际线，与低层和多层建筑共同创造出丰富灵动的城市天际线。

对开发商来说，建设高层住宅比建设低层或多层住宅的造价要高得多。首先，建设高层住宅要配备电梯和地下车库，其投资费用较高；其次，即使建好了高层住宅，每年的维护费用也是必不可少的，并且高层住宅的施工周期比低层和多层住宅都长，因此，相较于开发低层、多层住宅来说，高层住宅的投资效益较低。

对居住者来说，选择高层住宅需要承担较大的公摊面积，且需要购买昂贵的地下车位，是不十分经济的一种选择。另外，高层住宅不利于营造和谐的邻里关系，居民的幸福指数也随之降低。

对住区建设来说，高层住宅降低了居民的生活参与度，更像是一种规划者和投资者赚取利益的手段；对城市发展来说，高层住宅的外部空间形式单一，易造成"千城一面"的景象，易导致城市的个性和文化特色丧失。

（二）高层住宅建筑设计要求

1. 安全性要求

高层住宅建筑的安全设计非常重要，并且会影响人们的生活，因此在设计阶段就必须控制相关因素，并充分考虑基础设施的安全性，提出相关安全性要求。高层住宅建筑的使用寿命较长，因此在设计图中需要对安全管理和施工管理方面予以明确规定。例如，在选择建筑材料时，需要选择具有良好抗震性能的材料，其质量标准应达到行业的先进水平。控制建筑物的安全系数是改善建筑物性能的先决条件。

2. 功能要求

住宅设计与居民的生活关系密切，其需要满足人们的相关需求。随着我国经济水平的不断提升，人们对于生活品质的要求也越来越高。为了满足这些人们不断增长的需求，设计人员需要合理利用设计技术和设计概念，不断优化居住设施。

3. 舒适度要求

在高层住宅建筑设计中，增强居住者舒适感非常重要；而在建筑结构设计中，需要控制房屋的类型和内部空间的元素。舒适性要求一直是高层住宅建筑设计的重点，并且为了遵循相关的设计原则，需要优化基本结构，为增强住宅的舒适性和安全性提供重要保证。

4. 环保要求

随着高层住宅建筑设施的不断发展，人们开始将注意力转移到设施的环保水平上来，在设施的建设中注重使用各种环保材料，遵循环保的设计理念，同时使设施更加节能，满足人们追求健康生活的需求。

（三）高层住宅建筑智能化设计

1. 住宅出入口智能化

在高层住宅建筑的出入口智能化设计方面，设计人员需要增加智能化监控、智能化门锁等设计，这样不仅能够为居民出行提供便利，同时有利于保障居民的人身安全。例如，在高层住宅出入口的访客智能化设计中，因为小区来访客人较多，登记比较麻烦，所以设计人员可以通过在住宅出入口增设身份证识别系统、驾驶证扫描系统提高来访客人登记的工作效率；同时，设计人员应设置系统提示功能，如果有来访客人在小区内逗留的时间超过系统的限定值，系统就会自动提醒，进而提高出入口管理智能化水平。

2. 高层住宅电梯系统智能化

电梯作为高层住宅建筑的重要设备，其智能化设计至关重要。设计人员可通过设置电梯运行传感器来实时获取当前电梯的运行状态。当电梯发生故障时，传感器能够自动预警提醒，从而更好地保障电梯乘客的生命安全。同时，在电梯内部，设计人员可以设置智能通风系统、智能语音系统、智能监控系统以及智能报警系统，进而有效完善电梯智能化系统。以智能报警系统为例，当电梯出现紧急情况时，智能报警系统能够自行启动，向控制中心发送当前电梯运行状态信息以及故障发生的位置信息。

3. 快递柜、外卖柜智能化

快递柜与外卖柜是当前高层住宅建筑的标准配置。传统的快递柜、外卖柜缺乏智能化系统设计，住户使用起来比较不方便。在对快递柜、外卖柜进行智能化设计时，设计人员需要结合住户及快递员、外卖员的使用习惯，合理设置智能化系统。快递员或外卖员将物品放入柜中后，按下柜上的智能按钮，便可将当前快递和外卖的信息自动发送到对应的住户手机中，提醒住户有快递和外卖送达。此外，设计人员还可以增加快递柜与外卖柜的智能保护功能。比如，外卖柜可以增加智能保温功能，如果用户没有在第一时间取走外卖，那么外卖柜将启动保温系统，以保持外卖温度。

4. 物业管理系统智能化

要想实现对高层住宅建筑整体的智能化管控，设计人员就要在智能系统中增加物业信息管理、物业智能收费管理、保安管理、出租管理、物业综合管理、清洁绿化管理、智能停车场管理以及系统管理等多项功能，进而为居民提供更加便捷的物业服务。设计人员通过在物业管理系统中增加多项智能化功能，能够有效提高物业服务效率以及物业管理系统运行质量。

（1）高层住宅小区物业管理智能化符合业主个性化需求

随着社会经济的发展，业主的需求不再局限于基础物业服务，业主对多层次、高品质的生活需求不断增长，业主的需求是构建物业电子服务平台的风向标。根据业主的需求多层次、多领域的特点，物业服务企业需要借助互联网技术进行跨界发展，实现服务与管理的线上线下的互动，开拓新的服务市场，拓展业主的服务消费领域，挖掘更多的业主需求，培育更多的新型服务业态，从单一的基础物业服务供给转移到增值服务的供给，考虑业主的健康需求、业主的食品安全需求、业主的情感表达需求等。因此，企业需通过互联网技术不断获取业主的消费需求信息，在物业电子服务平台不断提供超前的、个性化的服务，激发业主的消费需求，满足业主的个性化需求。

（2）高层住宅小区物业管理智能化有利于促进物业管理行业的发展

①有利于企业寻求合适的发展模式。物业电子服务平台的新内容为物业行业发展带来新的机遇。随着社区经济的发展和小区内的业主生活消费需求结构的变化，物业服务企业应当主动谋求转型，寻求互联网时代的企业发展模式，发展多元化的服务模式。一方面，企业可以物业电子服务平台整合商业资源，渗透到业主的生活领域；另一方面，可将物业电子服务平

台打造成一站式便捷、周到的综合服务平台，以期探求出最优质的企业发展模式。

②有利于企业挖掘用户的价值。物业服务企业发展的核心就是对用户价值的深度挖掘。伴随着移动互联网技术的发展，物业服务企业也遇到了全新的挑战，面对庞大的互联网用户数据资源等待开发和利用的问题，物业服务企业应该需要借助互联网技术对业主的需求进行不间断的数据收集，了解业主动态的需求，深度挖掘用户的需求价值，调整服务内容，为提供相应的增值服务项目打好基础，提升业主对服务的满意度，确保企业能对业主提供供需平衡的服务。

③有利于物业服务企业把握市场的需求。物业服务企业发展的关键是准确把握消费市场的动态需求。互联网的迅猛发展促进了大数据的发展，获取业主生活需求的相关数据变得更加容易，物业电子服务平台积聚了大量关于业主的日常活动信息、消费习惯、支付行为、文化娱乐喜好方面的数据，企业可以将这些消费信息、需求信息、沟通信息、活动信息等储存为数据形式，通过大数据的处理和分析，从中获取有价值的数据信息，帮助企业准确对自身进行定位，以及挖掘消费市场的潜藏需求，为企业的精准的服务和管理提供帮助。

（3）高层住宅小区物业管理智能化符合社会经济发展的需要

在"互联网+服务"的时代，物业电子服务平台不仅提高了业主与企业的互动频率，而且使企业对业主各方面的需求更加重视，从而促进物业服务主体做好基本物业管理，不断丰富居住功能，同时在小区文化建设、社区经济发展等方面也发挥了重要作用。

①有利于社区文化的建设。建设小区文化的关键在于为

小区营造和谐的文化环境。物业服务企业可利用业主对文化活动的兴趣，以及文化交流的需求，开展针对小区业主文化爱好的文化活动，丰富业主文化生活，提升业主对小区的归属感。物业服务主体应引导业主积极参与到文化活动中来，帮助业主获得在精神文化方面的追求；同时，社区文化活动丰富了物业服务主体的文化内涵，形成企业文化，是巨大且无形的企业资产。小区文化为企业拓展增值带来了更多机遇，符合企业的发展方向，维护了小区的和谐稳定。

②促进社区经济的发展。社区经济的发展依赖于各类资源的充分利用和各类服务行业的发展。企业通过物业电子服务平台将社区的服务产品资源和信息资源进行系统和有效的整合，对企业的服务产品种类进行广泛的拓展，丰富了社区服务产品资源；根据小区业主的需求信息，物业电子服务平台可有效减少信息资源缺乏造成的发展障碍。

5. 室内家居智能化

智能家居包括智能门锁系统、智能电视系统等，其已经成为当前高层建筑的智能化设计的基础。高层建筑采用智能家居，能够有效提高居住的舒适性和便利性。在对高层住宅建筑进行智能化设计时，设计人员需要预留充足的智能家居支持功能，以便居民对智能家居进行改造。

6. 消杀系统智能化

消杀系统智能化是现代高层住宅建筑智能化设计的关键。设计人员在高层住宅建筑的公共空间设置智能消杀管理系统，可以通过传感器来收集环境数据。当传感器监测到当前环境存在一定污染时，智能消杀系统就能够自动开启，对楼宇内公共空间进行通风、消毒，从而有效提高高层住宅建筑的环境质量与居住舒适度，更好地保障居民的生命安全和身体健康。

7. 通风系统与给排水系统智能化

设计人员需要结合建筑结构、市政管道分布特点，采用合适的通风系统与给排水系统智能设计方案。在通风系统设计中，设计人员需要增加智能通风系统，当检测到环境中存在有毒和有害物质时，通风系统就能够自动启动，将有毒和有害物质排出，进而保障住宅建筑内部的空气环境质量；在给排水系统设计中，设计人员可以增加水箱液位智能监测系统，当水箱出现较大液位变化时，系统就会向物业管理系统发出提醒，物业管理人员收到消息后就能第一时间对问题进行处理，进而有效保障高层住宅建筑给排水系统的安全性。

8. 垃圾站管理智能化

在高层住宅建筑小区的垃圾站智能管理系统中，设计人员可以增加垃圾智能分类系统，通过在垃圾桶中安装相应的传感器，对住户丢弃的垃圾进行自动识别并分类。当检测到用户垃圾没有扔到指定的垃圾桶时，系统就会启动语音提醒功能。同时，设计人员还应在垃圾站智能管理系统中增加重力感应系统，以便收集小区内每天产生的垃圾总量数据，这样有利于物业管理人员更好地实行垃圾管理，进而实现垃圾站的管理智能化。

9. 住宅环境监测智能化

高层住宅建筑环境监测主要涉及环境质量和环境安全等方面。设计人员在对高层住宅建筑进行智能化设计时，需要在建筑内部对应位置安装智能传感器和智能摄像头，以便对住宅环境质量及环境信息进行识别。智能传感器能够自动收集住宅环境信息，并将信息数据传回控制中心进行处理。控制中心对数据进行分析后，如果发现当前住宅环境存在问题，就会自动发出预警。

10. 娱乐健身设施智能化

针对娱乐健身设施的智能化设计，设计人员可以通过在设施内部增加预约功能来提高设施使用便利性。设计人员还可以在娱乐健身设施中增设二维码，在使用该娱乐健身设施时，健身者只要扫描二维码就可以获取自己的体育锻炼信息。此外，设计人员还可以在设施内部增加智能报警系统，当健身者在使用娱乐健身设施发生意外情况时，系统将自动报警，从而保障健身者的生命安全。

第四章　特殊类型的住宅建筑设计

随着我国社会市场经济的迅速发展，在现代化的城市建设中，对特殊类型住宅建筑设计工作提出了全新的要求和认知，人们越来越注重住宅建筑周边环境质量的提高，这也在一定程度上推动了特殊类型住宅建筑设计工作的创新和完善。本章分为青年住宅建筑设计、老年住宅建筑设计、生态住宅建筑设计三部分。主要包括青年群体空间需求、青年住宅建筑设计、老年人居家养老的特点与需求、老年住宅建筑设计内容、生态住宅标准、生态住宅建筑设计原则等方面内容。

第一节　青年住宅建筑设计

一、青年群体空间需求

（一）青年群体特征概述

青年群体的年龄介于 20 ～ 35 岁。青年群体的成长环境伴随着互联网的形成与发展，受人工智能（AI）和"大数据"影响较多，且大多数青年人接受过一定的高等教育，崇尚自由，喜欢社交。目前，青年群体基本常使用 QQ、微信、抖音、今日头条等社交软件，因此"屏读"（屏幕阅读）成了青年群体一种最为常见的行为习惯。在信息网络的影响下，他们的自我意识也不断发生改变，表现出求新、求奇、求变的生活需求，以及多样化的居住需求。

（二）青年群体具体特征

1. 生理特点

青年群体随着生理和心理的成熟，逐渐形成了个人的世界观、价值观、人生观，表现出精力充沛、思维活跃、求知欲强、自我意识强烈等特点。同时，在交往层面呈现出倾向表达自我的特点；在生活需求层面，呈现出轻奢消费特点；在居住需求层面，呈现出渴望人性化、多样化特点。

2. 心理特点

青年群体受社会的发展变化影响，表现出独立性强、思想活跃、对未知事物具有强烈的求知欲等特点。他们喜欢和同类人群在一起生活相处，这样使他们更容易获得认可感和归属感。

3. 行为模式特点

信息社会的快速发展，促进共享经济呈现井喷式发展，给青年群体带来了极大的生活影响，很多社交终端 APP 已经潜移默化地渗透到他们的日常生活和工作中。生活在城市之中，面对快节奏、高压力的生活，青年群体需要不断地借助互联网平台学习和进步。在快节奏、高压的工作学习之外，他们常通过爱好及独处排解压力。在居住方面，一方面他们注重生活的品质，既渴望获得多样化、个性化、场景化的居住体验，也渴望有一方精神空间来释放心情；另一方面他们对居住的概念也随着共享时代的发展逐渐发生改变，在居住环境中渴望社交，热爱分享。

二、青年住宅建筑设计

（一）户内空间设计

研究表明，青年群体可划分为社交型、居家型、享受型三类。对于享受型青年，户内空间应具备混合公共空间、大主卧、"半间房"；对于居家型青年，户内要有可供未来使用的"第二间房"，家庭集中收纳间、小型家政空间，经常使用的餐、厨空间；社交型青年要求公共区域、私密区域分明，户内空间应具备双核公共区域、独立主卧区域、客用区域。在设计过程中，设计人员可以通过模块化设计，拼接同样的卧室、客房、厨卫，实现户内空间组合化、多样化。青年群体因为高强度工作，所以对居室有较高的办公功能要求，主卧空间要大，因青年群体具有独居特点，所以对客厅、厨房的要求较低。

另有研究提出，在高密度住宅设计趋势下，青年住宅建筑设计理念应包含以下方面内容：基于实用化要求的空间尺度小型化、空间利用高效化、空间灵活适应性；从组合化、多样化要求角度出发，需满足不同空间层次、交往空间、审美细部的需要。

（二）公共活动空间设计

研究表明公共活动空间设计应包含空间层次、空间边界、空间元素、生态环境、人工环境五个方面。

在空间层次上，要有大有小、宜静宜动，具有选择性和多样性；在空间边界上，边界要有凹凸变化、高差转换、色彩更迭；在空间元素上，保留部分原建筑的文化特色，融合自身主题，加上住客的再创造，使得公共区域的文化更具包容性；生态环境是建筑中空气、光线、绿植等大自然重要元素的体现，公共区域设计应加强自然采光以及节能通风设计；人工环境则提倡装修材料要环保健康，广泛应用智能家电，社区服务应实现互联网化。

第二节　老年住宅建筑设计

一、老年人居家养老的特点与需求

（一）老年人的生理特征

进入老年状态的人，在身体、心理、思想、行为等方面都会进入一种特殊的状态，与青年时会有一定的区别。通过对老年人的生理特征和行为方式进行全面研究，设计人员可以更深入了解老年人的养老需求，以此为依据对老年人的居住场所进行针对性的设计，能够为老年人提供宜居的居住空间环境。

1. 老年人的身体特征

（1）感知系统方面

人步入老年后，其感知功能会出现不同程度的退化，特别是视力和听力会明显下降，感知障碍会影响其接受身边环境信息的效率。老年人视力退化现象较为普遍。65岁以上的老年人，其白内障患病人数占老年人总数的 38.5%，黄斑病患病人数占老年人总数的 32.5%。无论老年人眼睛是否健康，他们对光的感知能力都会下降，对色彩的辨识能力也会随之下降。科学研究表明，老年人对蓝色和绿色的辨别力最弱，对黄色和红色的辨别能力也在不断下降，同时老年人辨别物体形状和物体大小的能力也会出现减弱的情况。

老年人的听力随其年龄的增长而退化的情况显得更为明显。有研究指出，人在 50 岁之前听力就开始下降。当老年人处于嘈杂环境之中时往往很难对声音信息进行处理辨析，部分老年人因为听力问题，出现与人交流的困难，这些都给老年人的出行造成一定的安全隐患。

除此之外，老年人的嗅觉、味觉以及皮肤感觉都会出现一定的退化。日本研究者发现，60 岁以上的老年人，其嗅觉能力退化较为严重。这使他们面对某些意外情况（如煤气泄漏、火灾等）时，存在一定的安全隐患。味觉功能的退化让他们的食欲减弱，因不能体味美食的味道而产生某些失落情绪。皮肤感觉的退化会使老年人对温度变化的感知能力下降很多，对室内外的温差变化反应迟钝，同时对疼痛感会反应迟钝。这些都会造成老年人的患病率、慢性病和急症的发病率大大提高。

（2）肌肉骨骼系统方面

老年人的身体机能与其年轻时的身体机能会有较大的差距。由于肌肉的萎缩，70 岁老年人的肌肉强度仅为 30 岁时的一半，这也决定了老年人无法进行大幅度的剧烈运动。同时在身体尺寸上，老年人也有不同程度的缩减。比如，老年人的身高与其青年时的身高相比，会有 2.5%～3% 的缩减。其中女性较男性，在身高上会有更大程度的缩减，最多可达到 6%。大部分老年人的运动速率会降低，运动幅度会减小，部分老年人的生活行动需要借助辅助器具完成。

（3）思维系统方面

老年人脑细胞开始减少，脑组织开始萎缩，神经传导的速度也较年轻时大幅降低，智力也大不如从前，从而导致老年人普遍出现动作缓慢、状态不稳、反应能力差等行动特征。

此外，老年人的认知能力较年轻时有很大的变化，尤其是注意力和记忆力的衰退表现得尤为明显。他们关于判断自己方位的能力比较差，对于方向的辨识度也会降低。在他们的行动过程中，他们会以明显的标志物作为自己的导向型指针。

2. 老年人的心理特征

老年人退休后，其社会角色发生转变，社交圈子变得越来越窄小，对于社会事务的参与度也越来越低，加上一定的社会因素，导致老年人在生活时，常常会产生精神孤独感，逐渐形成社会脱节感。

目前，"空巢老人"现象比较严重。加之城市邻里关系的改变，使老年人的心理安全感下降、适应能力减弱，出现失落感、自卑感。由于受到生理条件的限制，例如，记忆能力的衰退和思维能力的退化，老年人对新近事物的接受能力降低，学习和理解一项新事物需要较长的时间，对社会和生活环境的适应能力减弱，使老年人容易产生自卑情绪。

（二）老年人的居家养老需求

1. 老年人的居住养老需求层次

美国人文主义心理学家亚伯拉罕·马斯洛于1943年在《人类激励理论》论文中提出了需求层次理论。他将人类需求按阶梯形式排列，从低到高分为五个层次，分别是生理需求、安全需求、社交需求、尊重需求和自我实现需求。

根据需求层次理论，老年人对居住养老的需求也可分为不同的层次，如表 4-1 所示。

表 4-1　老年人的居住养老需求层次分类

需求层次	需求内容
安全需求	能够在日常生活中有很好的安全保障，如出行安全、居室内生活安全
情感需求	能够与亲朋好友进行交流互动，同时也能建立良好的邻里关系
尊重需求	能够有自己的生活空间，同时能够打理自己的生活
自我实现	能够做与自己的兴趣爱好相关的事

2. 老年人的居住行为需求

一般来说，老年人的生活很规律，同时他们的生活习惯与自己的身体机能强弱是密切相关的。按照活动能力的不同，可以将他们分为生活自理型老人和生活介护型老人。

有自理能力的老人的居室活动，无论是活动空间，还是活动内容都较为丰富。他们在居室内的活动主要是坐、躺、读、吃、聊天、劳动、看电视等。他们可以通过拐杖、轮椅、扶手或者自己移动完成生活活动。相反，生活介护型老人在居室内的活动则明显单调得多，他们大多以静坐和静卧为主，他们的生活活动需要在他人的帮助下才可完成。

由于老年人的身高尺寸会出现一定程度的缩小，同时，老年人的身体机能在各方面也都有一定程度的退化，故需要对老年人居住环境的空间尺度进行仔细的推敲，从老年人的实际需求出发，精细设计不同尺度的人体工程空间，力求达到舒适、便利和安全的目标。

具体来说，老年人的居家养老生活需求主要呈现出以下几个特点。

①老年人喜欢养花草和宠物。花草带来的绿色景观，一方面可以缓解老年人的抑郁心理，另一方面可以丰富老年人的生活，使其获得成就感。

②大部分老年人喜欢晒太阳，和身边的人唠家常、打牌、下棋、听广播。老年人常常喜欢在离家较近的熟悉环境中进行这些活动。如果老年人离开了熟悉的家，重新去适应一个新的生活居住环境，会使他们的失落感和无助感倍增。

③老年人喜欢室内能够自然通风，不喜欢通过空调和其他设备帮助调控室内气温。对于老年人来说，他们的免疫力和抵抗力都有较大退化，如果室内有良好的自然采光以及自然通风条件，会更利于老年人的身体健康。

④老年人喜欢形式简单的东西。例如，在老年人的家中，应该在物品的使用程序和摆放逻辑上遵循条理化原则，方便老年人操作。太过复杂的设置，会给老年人的生活带来负担，对老年人的身心产生不利影响。

⑤老年人喜欢藏东西。多数老年人不舍得扔掉不用的东西，会将它们收藏起来。如果没有充足的储物空间，会对老年人的起居生活带来诸多不便。

3. 老年人的行为活动模式

休闲行为是老年人主要的户外活动行为。不同年龄的老年人有着不同的兴趣爱好和活动方式。但他们的行为活动模式都有着活动状态固定、活动时间固定、活动地点固定和活动伙伴固定的特点。具体来说老年人的休闲活动特点表现在以下四个方面。

（1）对户外活动的强烈喜好

大部分老年人非常喜欢进行户外活动，他们对户外的活动场地以及功能性娱乐设施（如棋牌室、书画室、读书室等）有着较强的需求。

（2）活动内容简单且固定

选择在室内进行休闲活动的老年人，其活动形式多以棋牌为主，也有部分老人选择看书读报、书法绘画等；而选择在室外进行休闲活动的老人，其活动形式多以散步和广场舞为主。同时太极、舞剑、演奏和歌唱等活动也广泛受到老年人喜爱。

此外，聊天是老年人最常见的日常活动。他们经常三五成群地谈论生活琐事，交流生活所见所闻。对于老年人而言，选择了自己喜爱的一些活动，便会把这些活动当作一种生活习惯。

（3）活动时间短，活动距离近

经调查访问发现，老年人多在早上7点到9点进行户外晨练；下午2点到4点在社区的室内休闲场所进行娱乐活动；晚上6点到8点进行室外休闲活动。老年人的平均户外活动时长为3个小时左右。此外，老年人的身体机能下降，如判断力、免疫力、听力及视力都在下降，这些因素都决定了他们多数选择在离家较近的地方进行活动。

（4）活动对象多为熟悉的老年人

研究调查表明，老年人喜欢与自己熟悉的人进行休闲活动。当他们进行的是个人自发的活动时，对象通常会选择同社区的老人或者活动场地中的熟人。此外，老年人会参加单位的集体活动，其活动对象依然为熟知的同事。

（三）老年人的就医行为需求

老年人的就医行为是其生活中常见和重要的行为，一般分为日常就医和患病就医两类。老年人的身体状况与心理状况是影响老年人就医行为的重要因素，而医疗费用、医疗效果、医疗保险、医疗地点以及家庭情况等因素是影响老年人就医行为的客观因素。研究表明，老人年就医行为有三大特点，即主动性强、行为发生频率高、就医地点距家近。

近年来，随着人们生活水平的提高以及医疗服务设施的不断完善，老年人就医的方式也开始增多。除前往医院就医外，老年人还可以就近在社区的医疗服务机构内进行就医。同时也可以申请医疗、保健及送药的上门服务。

二、老年住宅建筑设计内容

（一）老年住宅建筑的色彩设计

1.色彩情感的运用

在日常生活中，不同的色彩会影响人们的心情与思考，甚至会使人产生不同的情绪，不同色彩元素的运用对人们的影响各不相同。一般情况下，中老年人喜欢居住在温和、舒适的环境内，在老年住宅建筑设计过程中，色彩的选择要结合老年人的爱好与特点，尽可能选择一些沉稳的深色系色彩。心理学研究结果表明，灰色能够帮助老年人稳定血压，放松紧张的情绪，降低情绪起伏对身体的影响，由此可见，不同的色彩会对老年人的身心健康产生不同的影响。

2.色彩元素的整体统一

在老年住宅建筑设计过程中，色彩的选择与应用需要遵循和谐统一的原则，保证房间内各领域的色彩搭配与整体色调相契合，实现色彩元素之间的有效衔接，通过对色相、明度和纯度的调整，保证色彩之间的协调性，营造宁静和谐、轻松愉悦的居住环境。

同时，色彩元素的构成与组合不能过于平淡与低调，要具有一定的层次感，避免住户产生消极心理，通过对比分析色彩搭配方式，保证色彩运用的和谐性。在色彩选择阶段，设计人员需要与住户建立沟通联系，如果色彩元素运用过多，会使居住者产生烦躁不安的混乱情绪，在老年住宅建筑设计过程中，色彩的运用要避免重叠，应使不同空间内的明度、纯度形成合理对比，为体现房间结构的整体性创造有利条件。

3. 色彩需符合空间功能需求

设计人员在进行老年住宅建筑设计过程中，要想色彩元素得到有效应用，需要根据室内不同区域所具有的功能特点，分别营造出不同的环境氛围，切实满足老年人的心理活动需求。在进行客厅色彩设计的过程中，需要考虑客厅作为待客与进行日常活动的主要场所，色彩运用要体现出住户独特的个人品位，针对老年人的居住环境可以选择一些高雅、沉着的色调，打造温馨、舒适的居住环境，起到调节身心的作用。其他区域的色彩要与客厅主色彩相呼应，并考虑不同区间的功能作用，餐厅、厨房色彩搭配以暖色调为主，这样能激起食欲，同时要避免色彩过于强烈。一般情况下，为了达到修身养性的目的，需要在环境色彩搭配的过程中，尽量采用一些清新色彩来点缀空间，从而营造舒适、安全的生活氛围，起到调节心情的作用。

除此之外，设计人员要根据老年人的性格特点进行主色调选择，一部分老年住户追求时尚，对整体空间色调有着特殊要求，设计人员需要先与客户进行沟通，明确客户对空间色系的主要需求，选择一些具有时尚感的色彩元素，并将其应用到大面积空间设计中。一些身体素质较差的老年人，需要居住在朴素、宁静的环境下，来缓解日常生活中的紧张心情。

（二）老年住宅建筑的区域设计

1.卧室区域设计

（1）卧室空间格局划分

对于老年人来说，过大的空间面积，容易使老年人产生孤独感；过小的空间格局，则易使老年人产生压迫感，影响老年人心情。因此，设计人员应结合老年人的生理、心理以及行为特征来进行合理的空间布置。室内空间的面积不得小于10 m^2，大多数建议为15 m^2，轴线尺寸在3.5～3.7 m为最佳。为了方便轮椅移动，在电视机与卧床之间应留出0.9 m尺寸的过道，卧室门内外需预留出1.5 m×1.5 m的轮椅回旋空间，卧床与内墙边之间要保持0.9 m的宽度，卧室门的宽度至少达0.9 m，需要注意的是门合页的方向，在靠近门把手一侧的墙面要留出至少0.4 m^2的空间，以方便使用轮椅的老年人开门。应选用杠杆样式的门把手，且长度应大于0.1 m，避免选用球形把手给老年人带来不便。避免选择尖锐带有棱角的家具，需用圆角、有弧度的家具代替。

（2）家具选择及尺寸

由于老年人生理机能下降，因此老年人对于家具尺寸的需求也会发生相应的改变。合理的空间划分需要合理的家具尺寸作为保障。为使老年人休息时方便翻身，头和脚留有余地，卧床的尺寸应该适当地进行加长和增宽。设计人员选用1 m×2.1 m尺寸的单人床最为适宜，双人卧床应选用1.7 m×2.1 m的尺寸，其高度比正常卧床高度要高出几厘米，床的下部应当设计成悬空式，可以方便轮椅回转。尽可能选择可升降的卧床，以满足不同年龄和不同性别的老年人群的需求。老年人两侧床头柜高度应在 0.5 m 左右，以便于老年人随手放取生活用品。老年人人体工程学研究表明，卧室窗户的高度应控制在 0.67 ～ 1.52 m，过高容易导致老年人开关窗户操作不便，过低老年人要增加弯腰的次数，易产生劳累感。衣柜应选择推拉门设计，对老年人来说，推拉门设计更加方便。衣柜深度在 0.45 ～ 0.55 m 最为适宜，避免选用开放式衣柜，物品滑落易对老年人造成危险。在家具的选择上，应为老年人放置可调节高度的书桌以及带扶手并且可升降的椅子，材质要令人舒适。可在储藏柜附近设置简单的照明装置，为视力下降的老年人提供人性化的辅助光源，方便老年人存取物品。

（3）色彩搭配

设计人员要根据老年人的个人喜好和需求进行空间色彩搭配。通常情况下，整体空间色彩设计应以暖色调为主；室内地面的色彩要避免过于艳丽，以免给老年人带来视觉上的不适感；对面积较大的墙面，应选择较高明度的浅色调；空间内应多配以绿植，如摆放可以吸甲醛的绿萝。整体空间氛围以柔和、安静为主。

（4）材质选用

材质选用对于提高居住空间的舒适度尤为重要。随着年龄的增加，老年人的行动会有所不便，在地面材料的选择上，应选择耐磨、防滑效果较强的木地板，天然的木质地板承压力较强。除此之外，由于老年人感知能力下降，对温度的感知也相应变得迟钝，所以要注重材质的保暖性，减少材质对老年人的刺激。老年人在行走时习惯用手扶墙，因此墙面应采用易清洁、触感良好的材料。墙角部分和突出部分应采用圆角设计或采用具有弹性的材料做成护角，以减少安全隐患。设计人员也应该充分考虑材料的安全性，选择节能环保的材料，这对老年人的身体健康尤为重要。

（5）采光通风

照明应根据老年人生理、心理及行为特征来进行设计，卧室采光应以自然光为主，人工照明为辅。阳光可以促进老年人的血液循环以及钙元素吸收，增强老年人的免疫力，并可以使老年人心情愉悦。过度的光源会造成污染，对老年人的皮肤或者视觉造成强烈的刺激，设计人员应考虑采用一些遮光设施。通风可以减少疾病的发生，设计人员应选择便于老年人操作的门窗，打开或者关闭门窗的操作程序不应太烦琐，避免老年人进行多次无意义的尝试。在照明方面，老年人卧室的整体灯光亮度要高于子女卧室的灯光亮度，但同时又不宜过高，光源要柔和。老年人床后墙上应设置高度 1.3 m 的壁灯，同时应当选择夜光开关。天花吊灯应选择漫射的灯具，以免使老年人头晕目眩。三基色荧光灯可以作为老年人阅读时的台灯，其发光效率和显色性都比普通荧光灯要更好，也有保护视力的作用。由于生理因素的影响，老年人起夜次数较多，设计人员应该在去往卫生间的线路上布置夜灯，以防止老年人下床时发生磕碰甚至滑倒。

（6）智能家居

将智能家居运用到老年人的居住环境中，可以使老年人不断更新对当今科技的认知，与社会建立更密切的联系，消除"科技恐惧症"。

例如，安装室内温度湿度智能调节系统，可增加老年人卧室空间的舒适感；安装电动窗帘，可为老年人提供方便；在卧室内安装智能报警系统，当老年人出现意外需要帮助时，可按下报警按钮来与子女建立联系，发出求助信号，及时解决问题。

2. 厨房区域设计

在进行老年室内厨房设计的过程中，设计人员需要注重保持良好的通风性和光照条件，首先需要充分考虑安全性的设计原则，结合老年人的身体情况调节空间的高度，以及灶台、餐桌的尺寸。通常情况下，厨房的操作台可以选择适合老年人使用的 U 形操作台，为了保证厨房用具使用的安全性，需要在室内空间设置自动报警系统，能够在发生火灾危险时，第一时间自动关闭电源，还要控制好厨房与餐厅之间的距离，缩短食物搬运的时间。

3. 卫生间区域设计

（1）卫生间适老性问题

通过对老旧住宅卫生间的设计进行调研，发现卫生间的适老性问题主要表现在以下方面。

①缺少适老性部品。最明显的问题是无紧急呼叫设施、无安全扶手。紧急呼叫设施对于老年人来说十分重要，安装紧急呼叫装置可以在老年人发生摔倒、抽搐等意外时，及时报告给其他人，及时采取抢救措施，避免延误黄金急救时间。由于老年人身体机能下降，因此蹲下起身较为困难，尤其老年人在如厕后，会出现头晕、乏力等症状，安装安全扶手，可以方便老年人起身，防止摔倒。目前仍有大量老旧住宅存在无马桶的问题，导致老年人上厕所极其不便，也带来了一定的安全问题，这是老旧住宅改造过程中亟需整改的一点。

②空间尺度过小。面积狭小是老旧住宅普遍存在的问题。设计人员可以通过合理布置适老化部品，或者改善卫生间管线设备，来提高空间利用率。比如，在条件允许的情况下，可以拆除卫生间非承重墙，改为轻质隔墙，减少墙体占据空间的面积。更换推拉门，可以避免内开门打开时占据卫生间面积。由

于老旧住宅管线设备老旧，因此卫生间管道漏水现象较严重，为避免水滴在地板上，居住者需要使用桶或者盆接水，这无疑会占用卫生间面积。对于这种情况，改善管道设备，将会在一定程度上增加卫生间空间利用面积。

③现有部品适老化程度低。卫生间是进行洗漱、淋浴、如厕等活动的场所，地面被淋湿难以避免，为防止老年人在潮湿的地面摔倒，地面必须有很好的防滑性能，最好可以做到干湿分离。如果干湿分离难以做到的话，可以更换防滑地砖，或者铺设防滑地毯，以降低老年人滑倒的风险。卫生间洗漱台设置不合理，洗漱台的高度应该符合人体工学设计，对于坐轮椅的老年人来说，应该安装下部掏空的洗面台。另外，洗漱台两侧应该临空，为老年人提供足够的伸展空间，在不能满足临空的情况下，即两侧有隔墙或者其他障碍物时，应该预留足够的空间，避免两侧物体距离较近，不能正常进行洗漱等活动。

（2）卫生间适老化设计原则

卫生间设计在老年住宅建筑设计中占据十分重要的地位，老年人在卫生间进行如厕、入浴等活动时，发生摔倒等事故的频率很高，突发疾病的情况极为常见，卫生间是住宅中最容易发生危险事故的场所。

卫生间对适老性产部品的要求较高。因此，设计人员在改造设计时应做到细致、全面，为老年人提供一个安全、舒适、方便的卫生间环境。老年住宅卫生间进行适老化改造时需要遵循以下原则。

①空间大小适当。老年人卫生间空间的大小应适当，面积不宜过大，但是也不能太小，空间过大时，会导致各功能分区的洁具设备距离较远，老年人的行动路线变长，且行动过程中没有可以扶靠的地方，使滑倒的风险增加。如果空间过小，

老年人在进行洗漱等活动时，由于空间狭窄，很容易发生磕碰；过于狭窄的空间会使轮椅难以进入，护理人员的护理活动也难以展开，不利于老年人的正常活动。老旧住宅面积普遍偏小，卫生间过于狭窄，在改造设计时，应该合理扩建，适当扩大卫生间面积，满足老年人的日常需求。

②安全防护到位。一是设置安全扶手。安全扶手在老年住宅卫生间内是必不可少的。首先，坐便器一侧需要安装安全扶手，帮助老年人进行坐下、起身等动作。其次，淋浴间的淋浴喷头旁以及浴缸周边也应设计安装 L 形扶手。老年人在进行淋浴活动时，会产生较大的体力消耗，安装扶手可以辅助老年人进行洗浴活动。同时还可为老年人进出洗浴区域时提供支撑点，以及辅助老年人在洗浴中顺利完成转身、起坐等动作。

二是利于紧急救助。由于卫生间内部空间狭小，老年人发生滑倒等事故时，身体可能挡住门口，如果卫生间采用内开门设计的话，救援者很难从外部打开门进入施救，可能延误最佳救援时机。因此，为了在老年人发生意外时可以及时对其进行急救，卫生间尽量不采用内开门设计，最好选择推拉门或者外开门设计。采用推拉门和外开门设计，在紧急情况下，救援者可以从外部打开门进入卫生间实施救援。在有些老旧住宅中，受套型条件限制，在只能选择内开门设计的情况下，可以对门进行调整，使门扇的下部能局部打开或拆下，保证救助人员能够在紧急情况下及时进入卫生间施救。目前，建材市场上也有里外均可开启的门扇，可以根据住户实际需求选择合适的门扇。另外，在卫生间设置紧急呼叫装置也是必不可少的，尤其是在洗浴区或者坐便器周围这些容易发生危险的区域，装置位置要满足一定要求，让老年人既可以在发生紧急情况时触碰到，又要避免老年人误碰。

三是防滑措施的布置。卫生间地面应该有针对性地选用一些防滑材料，设置合理的地漏，保证地面的排水通畅，避免地面积水。同时，良好的通风也是十分重要的，空气流通能够迅速除湿，加快地面干燥的速度。另外，市面上一般的浴缸底面平整度一般，可供老年人在浴缸中稳定站立洗浴的面积较小，同时浴缸表面较为光滑，老年人不但在洗浴过程中易摔倒，而且进出浴缸的过程也存在很大的安全隐患。在浴缸中放置防滑垫是较为常见且方便的做法，然而，设置盆浴与淋浴功能的分区是十分必要的。

③可持续性原则。不同阶段的老年人，其身体状况不同，对卫生间的功能需求也不同。并且老年人的身体机能逐渐下降，为适应老年人不同的使用需求，卫生间的改造应该满足以下几点。

一是可以灵活改变洁具位置。在实际使用过程中，洁具在卫生间中的位置需要按照居住者的实际情况进行更改，如需要调整坐便器的位置，缩短其与老年人起居室的距离。而采用能够灵活移动、变换位置的后排水坐便器或者对卫生间楼板标高进行降低处理都是很好的选择。在欧美发达国家中，很多住宅采取在房屋内部全部水平走管的形式，相当于对房屋地面整体架空后进行处理，这就为卫生间洁具位置的灵活改变提供了有利的前提条件。在进行老旧住宅改造时，在条件允许的情况下，可以尝试这种改造方式。

二是可以灵活进行盆浴与淋浴间的互换。随着老年人年龄的增长，其各项身体机能在不断变化，在卫生间既设置淋浴又设置盆浴能够很好地满足老年人的需求，方便老年人根据实际情况选择适合的洗浴方式。在对老旧住宅进行适老化改造设计时，当卫生间空间狭小，无法同时设置淋浴和盆浴时，应该尽量确保二者日后可以进行互换。浴缸的宽度一般要比淋浴间的宽度小，假如在浴缸旁安装坐便器，应该适当加大坐便器与浴缸之间的距离，为日后改造淋浴间留出足够的空间，避免淋浴间的隔断与坐便器冲突。

（三）老年住宅建筑的人性化设计

1. 无障碍设计

（1）无障碍设计的理念

①房屋建筑设计的思路。城市化进程的不断加快导致都市居住环境问题不断凸显，空气污染、噪声污染等环境问题严重影响了老年人的生活质量，公共活动场所的缺乏使老年人缺乏必要的娱乐活动场所，直接影响老年人的居住体验，而无障碍设计的目的就在于尽可能地解决这些问题，提高老年人的居住幸福感。

目前，老年人居住建筑无障碍设计主要从以下几个方面展开：行动方面，行动无障碍设计是保障老年人正常生活的重要基础；社交方面，社交无障碍设计旨在为老年人提供足够的社交空间和社交人群；感官方面，感官无障碍设计旨在帮助老年人正常感知外部世界变化，为老年人带来足够的安全感；心理方面，心理无障碍设计旨在帮助老年人正确认知自身，同时帮助老年人解决情感方面的问题。

②居住环境设计的原则。无障碍居住环境设计要以舒适度和安全性为保障，在尽可能考虑到居住者实际需求的前提下对局部设计进行人性化改进，整体的设计要在科学理论的指导下完成。当今社会独居老年人的数量不断增加，房屋设计要在充分保障老年人生活需求的基础上尽可能地添加便利化、娱乐

化设备，让老年人生活得更舒心。

一是提高舒适度。"以人为本"的设计理念是提高房屋舒适度的重要指导思想，无论是独居式房屋设计还是养老院设计，设计人员都要站在老年人的角度进行思考，不仅要保障老年人休息场所的温馨与舒适，也要保障老年人活动场所的多样性，要充分体现对老年人的重视和关爱。具体的设计方案如下：在进行建筑空间装修过程中，尽可能挑选较为简单、明亮的颜色，或根据老年人自身的喜好进行色彩挑选。在挑选家具、电器时，应尽可能选择边缘较为圆润的家具及电器，对家中设备较为尖锐的部分用鲜明的色彩进行标注。同时，应该尽可能选取较为轻便的木质家具，方便老年人移动。室内空间设计，尤其是居住空间设计要充分考虑采光性和透气性，保障房屋内的空气流通。应尽可能选择灯光较为柔和的照明设备，尽可能地避免强光对老年人的视力造成伤害。房屋内需要放置一定数量的绿植，应选择无须过多照顾的绿植品种。

二是提高安全性。安全性是无障碍建筑设计的重中之重，也是老年人建筑空间设计的基本原则之一。老年人群体的身体素质略低于其他人群，他们对于外界事物变化的敏感度较低，在危险发生时，可能不能及时做出正确判断，因此在进行老年人住宅设计时要更加注重居住区的安全设计。例如，在进行卫生间马桶设计时适当增高坐便器高度，并在马桶旁安装把手帮助老年人起身。应该将房屋内的开关、插座等设施安装在老年人随手可以碰到的位置。房间内的空调、电风扇、暖气片等设施应该尽量远离床铺，避免造成安全问题。在床头以及老年人活动较为频繁的区域应该放置速效救心丸等应急药品，药品摆放位置要显眼。若老年人独居在房屋内，则应该在老年人活动范围内安装应急报警装置。

（2）建筑空间无障碍设计的其他要点

①光学设计。老年人的视力相对较差，因此建筑房屋的采光和灯光设计就显得尤为重要。在建筑空间设计中除了要有常规光源外，还要进行重点光源和辅助光源的设计。设计人员在进行房屋光学设计之前，首先要对房屋的空间结构和功能分区的布局进行详细考察，对于建筑内部空间，如楼梯间、卫生间、过道、玄关等较为狭窄的区域应该采用较强的光照设施，避免老年人由于光线过暗而摔倒，对于部分公共空间，如走廊等区域可以选择安装声控灯，方便老年人使用。床头灯的光源应较为柔和，避免强光对老年人的眼睛造成刺激，在床头等明显位置应该放置便携式照明设备，以应对停电等紧急情况。

②房屋内的扶手设计。由于老年人的下肢力量相对较弱，因此需在房屋内较为光滑的区域安装扶手，避免老年人摔倒，例如，走廊、卫生间、阳台等区域。扶手的安装高度应根据老年人的具体身高进行设置，一般不能高于 90 cm，扶手部位应当进行防滑处理，扶手的转折处需要进行弯折处理，或者缠绕海绵条，防止发生撞击时，扶手对老年人造成损伤。

③针对残疾老年人的设计。无障碍建筑设计还需要考虑残疾老年人的需求，在设计过程中尽可能地采用自动化设施，如将门窗改为自动感应门窗或者平拉式门窗，尽可能减少老年人操作。卫生间及浴室需要安装辅助装置。还应当和社区的物业部门联系，在电梯内加装无障碍设施，保障老年人的出行安全，如果老年人出行需要乘坐轮椅，房屋内应该避免过于拥挤，给老年人留出足够的行动空间，避免影响老年人的日常活动。

2. 空间人性化设计

老年人活动能力有限，在住宅建筑设计的过程中，需要考虑空间环境的变化过程，并设置安全边界。例如，在客厅、过道与房间转换区域，要清除门槛和高低不平的过道障碍，在室内存在高低差问题时，需要设计缓速坡道。老年人由于视觉退化，无法准确地发现地面高低差，容易被地毯绊倒。室内设计所采用的地面材料要检验防滑性，减少室内地毯铺设。在空间设计中增加安全扶手，有助于老年人进行复健活动。应在墙面或者家具拐角处应设置辅助设施。为方便老年人走动，可适当扩展标准门洞尺度。

第三节　生态住宅建筑设计

一、生态住宅标准

生态住宅指的是在建筑各个环节中节约资源与能源，环境负荷少和居住环境健康舒适，与周边的生态环境相互协调、共同发展的住宅。

2001 年 9 月底，在"首届中国国际生态住宅新技术论坛"上，中华全国工商业联合会住宅产业商会公布了我国生态住宅技术标准，即《中国生态住宅技术评估手册》，这个生态评估体系主要包含场地环境规划设计、能源和环境、室内环境质量、住宅水环境、材料与资源等五大指标。同时规定，生态住宅的绿化率应大于 70%。生态住宅需要考虑节能与能源利用，住宅区内的墙体必须具有良好的隔音功能，建造材料必须具有环保性能。

二、生态住宅建筑设计原则

(一) 回归自然

生态住宅建筑设计应该顺应自然发展，在以自然为背景的基础上进行设计，注重住宅与环境的融合性。随着人类生活场所的拓展，部分设计者一味地追求经济效益，而忽视了环境问题，导致住宅设计对环境和生活质量造成一定的负面影响。

因此，住宅设计必须按照生态设计思路合理规划建筑结构布局，提高通风管道和遮阳散热设计标准，合理控制材料污染。如增大住宅环境绿化面积，种植视觉感良好和味道芬芳的花草树木，对外露土地区域铺设砖石等，并安装雨水收集池收集自然降水，用来浇洒花草树木和清洗等，也可以融合海绵城市设计理念，对住宅顶板、车库、集水坑、排水管道等进行雨水利用设计，提高住宅环境水资源利用率。绿色生态化住宅建筑设计必须回归自然才能够提升居住者的生活质量和改善居住环境。

(二) 坚持以人为本

在住宅设计中必须秉持"以人为本"的核心原则，力争实现住宅建设与人、自然之间的和谐发展，实现住宅节能减排和绿色环保目的，提升居住者的生活质量。对于绿色生态型住宅设计，如果盲目追求成本效益，而忽视住宅的人性化和绿色化设计，必将造成环境问题。所以，必须平衡自然环境与人类居住环境之间的关系，以人为本，充分提高生态住宅环境的综合化设计效果，从而达到保护居住者身体健康、提升居住者生活质量的目的。

（三）低能耗节能持续化

低能耗节能是绿色生态住宅建筑设计的首要原则，旨在有效改善人们的生活环境质量，是当前绿色生态住宅建筑设计的主要目标。生态住宅建筑设计必须在确保住宅资源利用率提升的同时，实现循环利用、再生资源利用及清洁新能源利用。设计必须以环境绿化为背景，充分结合建筑地理环境、社会文化、经济实力、资源利用等多方面长期可持续化发展需要，通过绿色生态设计提高住宅生态宜居性和长期实际效益。如住宅必须按照居住者实际经济实力进行生活配套设施安装，并尽可能为居住者制订符合当地气候、环境的节能计划，保障住宅足够的采光和自然通风，从而降低居住者对空调、照明、取暖等高耗能设备的使用频率，提高对太阳能、风能、热能等自然能量的利用率。可采用余热循环技术将部分无法充分利用的热能通过热传导系统传递到住宅其余位置，提升热能利用效率。此外，可在住宅附近种植植物和安装水源净化器，提升废水使用率。尽量选择低耗能的建筑材料，尽可能选用装配式等建造技术，避免或减少对高耗能和非标准化材料的使用，从而维持住宅环境清洁化和持续化发展。

三、生态住宅建筑的设计要求

（一）节能减排设计

节能减排是降低资源消耗率和提高资源利用率的基础，也是减少有害物质排放的有效途径。因此，在现代化生态住宅建筑设计中，节能减排是主要内容，主要体现在以下两个方面：①减少住宅建筑的室内照明耗能，可以通过住宅区地理位置、气候环境、季节性风向变化来确定建筑物窗口数量、面积和方位。同时，增加建筑物的自然采光，这能够有效减少室内照明能耗。②提高建筑物的自主保温性能，建筑物的保温性能是评估建筑物居住舒适度的重要指标之一。因此，在满足建筑物基本功能需求和质量的基础上，应尽可能地采用环保节能型保温板材，如内保温板、外保温板等。

（二）节水系统设计

随着城市化进程的加快，城市人口剧增，日消耗淡水资源量随之激增，日排放废水量也明显升高，这不仅激化了城市淡水资源的供求矛盾，而且为污水处理增加了难度。面对日益加剧的用水压力，提高城市水资源的利用效率是缓解城市用水矛盾的主要途径。节水系统可将城市部分污水经过净化处理后再利用，对缓解城市用水压力有积极作用。将节水系统与城市住宅区屋顶的雨水收集系统，住宅区外部景观的景观旱溪、生态植草沟、雨水净化池结合在一起，不仅能够有效收集雨水资源，而且能够及时将部分城市污水通过自然环境的自我净化功能净化，增加住宅区的水体景观，为构建宜居性城市奠定基础。通过将节水系统和净水系统收集净化后的水体引入景观旱溪和生态植草沟中，能够有效改善住宅区外部景观环境。

四、环保材料在生态住宅建筑设计中的应用

（一）绿色环保建材的种类

使用绿色环保建材虽然不能从根本上减少环境污染问题，但却能够将污染程度降到最低，在一定范围之内控制污染，

减少污染对人体的伤害。因此，在住宅室内装修中，对绿色环保建材的选择也是非常重要的，常见的绿色环保建材种类如下。

1. 环保管材

环保管材是一种对人体无危害、耐腐蚀、导热系数小的新型环保材料，深受人们的青睐，是目前建材市场常见的一种环保型管材，也是人们的家装首选材料之一。

当前的环保管材主要品种有硬聚氯乙烯（U-PVC）管、交联聚乙烯（PEX）管、氯化聚氯乙烯（C-PVC）管、铝塑复合（PE-AL-PE）管、钢塑复合管、无规共聚聚丙烯（PP-R）管及聚丁烯（PB）管等。主要在中高档住宅热水供水以及埋地时使用较多。

2. 环保漆料

环保漆料主要是指在建筑原料选取、产品制造、施工环节中应用的一种无毒、无害、无污染的建筑材料。其中的化学成分相对于其他建筑材料较少，比较适合住宅家居装修使用，颜色多样，适合大众选择。环保漆料在涂刷之后能够抑制墙体内产生霉菌。

3. 环保墙材

环保墙材是一种新开发的环保型的墙体材料，质地轻盈，防水防火的性能都较高。根据不同的原材料可以将环保墙材分为硅镁轻质隔墙板、ALC 轻质隔墙板、FGC 轻质隔墙板、石膏轻质隔墙板、复合轻质隔墙板、GRC 轻质隔墙板等。最常见的环保墙材是 GRC 轻质隔墙板。

4. 环保照明

环保照明是设计一种以节能环保为目的的照明系统，通过进行科学的照明设计，利用高效、安全、优质的照明电器产品，创造出一个舒适的照明环境，是现在多数家装的首选产品之一。

5. 环保墙饰

环保墙饰主要是以草墙纸、麻墙纸、纱绸墙布等组合而成，具有保湿、驱虫、保健、透气等多种功能。环保型墙纸能够解决受空气潮湿或者室内温差大而出现的霉菌滋生和发泡等问题。目前，环保墙饰已经成为人们室内装修的首选墙饰。

6. 环保地材

环保地材一般主要用于植草路面砖，是多种类型的多孔铺路产品中的一种，主要采用再生高密度聚乙烯制成，能够减少地表水污染，多用于公共基础设施建设。

（二）绿色环保建材的应用

1. 在墙体中的应用

作为住宅外围结构的主体部分，墙体是构成住宅保温系统的重要部分。在住宅所使用的全部材料之中，墙体材料约占70%，可见其重要性。传统墙体材料在应用过程中通常需要消耗大量能源，如在开采过程中需要消耗大量电力能源，与此同时，还会对当地的自然生态环境造成一定程度的破坏。此外，传统墙体材料中通常包含有毒有害物质，如果不对其进行相应处理，废弃物十分容易造成水污染和土壤污染，不符合环境保护的要求。

使用空心砖墙、复合墙体材料等绿色环保建筑材料，有利于降低生产成本、减少能源与资源消耗。现阶段，应用最为广泛的新型墙体材料为蒸汽加压混凝土砌块，这一材料中包含多个独立且分布均匀的微小气孔，因此虽然其质量极轻，但其强度较高且具有良好的保温效果，符合墙体建设的实际需求，与此同时，其还具有良好的噪声吸收性能及抗震性能。建筑行业应进一步加大新型墙体材料的研发工作，重视高效应用煤矸石、粉煤灰等材料开发新型墙体材料，力求实现变废为宝，进一步提高资源利用效率，切实达到节能环保的目的。

2. 纳米材料的应用

随着科学技术水平的不断提升，纳米材料这一具有较高科技含量的绿色环保建筑材料，在生态住宅中得到了越来越广泛的应用。通过将纳米技术应用于生态住宅的建设实践之中，既能够有效地减少建设能源消耗、促进节能环保目标的实现，又能够切实改善住宅建设质量，为居民创造良好的生态环境。纳米二氧化硅、纳米氧化铝、纳米氧化锆等应用纳米技术生产的绿色环保建筑材料不仅具有原始材料的功能，而且在纳米技术的作用下，还具有全新的使用功能，因此能够充分满足生态住宅的建设需求，切实提高生态住宅的建设质量并达到控制建设成本的目的。此外，纳米材料还具有稳定性特征，因此在投入使用之后，其属性不会在外部环境因素的影响下发生改变，对于保障住宅质量、改善人们的居住环境而言具有十分重要的意义。未来，纳米技术将得到更为广泛的应用，研发人员应在实践中加大对其的研发力度，进一步扩大纳米技术的应用范围。

3. 保温环保材料的应用

住宅的保温要求较高，除墙体之外，建设过程之中还需要应用其他类型的保温材料。当前，应用较为广泛的绿色环保保温材料主要有以下两种。

一种是复合型硅酸盐保温材料。此类材料，通过应用先进工艺在非金属矿物基料中加入铝、硅酸盐等物质而形成，保温性能较好。由于复合型硅酸盐保温材料一般厚度较小，因此其导热性能较好，在热传递过程之中，热量的损耗较小，与此同时，也不会产生任何有毒气体，符合环境保护的实践要求，且不会对设备造成腐蚀。此外，复合型硅酸盐保温材料具有良好的可塑性，因此施工人员可以根据住宅工程的实际建设需求，通过自由裁剪的方式避免出现边角料浪费的情况，以此提升材料利用率，达到节约资源的目的。

另一种是真空隔热材料。真空隔热材料是目前世界上应用较多且广受欢迎的高效保温材料，目前主要用于建筑墙体保温以及冰箱保温绝热。

第五章　现代住宅建筑设计应用实例

随着时代的发展和城镇化进程的不断加快，现代住宅建筑的需求量不断增加，现代住宅建筑设计也具备了更为丰富的内涵。各式各样的现代住宅建筑层出不穷，这些现代建筑实例给未来住宅建筑的设计提供了极其重要的参考与借鉴意义，有助于世界住宅建筑行业的发展。本章分为世界主要国家住宅建筑设计实例和我国现代住宅建筑设计实例两部分。主要包括德国、日本、英国的住宅建筑设计概述，以及这三个国家的住宅建筑设计对我国的启示及借鉴意义等方面内容。

第一节　世界主要国家住宅建筑设计实例

一、德国——以东西柏林为例

（一）柏林建筑设计脉络概述

被誉为"世界住宅设计之窗"的柏林，因其独特的地理位置，是欧洲为数不多的具有复杂历史且经历多次战争的国都，它虽不是德国最重要的城市，但由于其独一无二的政治地位，以及其在政治体制转型的时期就拥有的自我政治管辖的特点，直接决定了其具有比其他欧洲城市更为独特的城市建设发展史。因其应对多次变迁的政策体制与突出的战后社会住宅短缺的社会共性问题，柏林成为举世瞩目的居住区建筑实践地。由此可见，东西柏林的城市规划与城市居住区的设计对住宅领域研究具有重要的价值，尤其是对目前居住区皆转为"存量"建设模式的众多国家而言。

1. 柏林城市文脉的居住区溯源（1300—1800年）

追溯柏林的城市建设发展史，柏林城市于19世纪到20世纪建成。其城市建设历史最早可追溯到1200多年前。在柏林城市形成初期，柏林城市是由柏林和柯恩两个城市中心雏形构成的双子城，且二者都是以教堂建筑为中心发展而来的，以教堂为中心的布局模式一直被延续使用到中世纪，即以圣玛丽和圣尼古拉斯两座教堂及其周边区域为中心的布局模式。

经受战争后各国竞相重建自己的城市以表现自身优越的政治地位，其中腓特烈三世试图重建柏林城的新中心来取代原有的旧城中心。

在之后的专制主义期间，柏林发展了六个城区，三个位于西南部，三个位于东北部，西南部城区较东北部城区更为发达，城区功能以居住为主，从1792年的柏林城的肌理构成来看，柏林俨然已经成为一座以居住区占据主要构成比例的城市，当然这与其战后的住房需求及工业革命带来的人口涌进有不可分割的关系，过量的人口增长直接促进了柏林城区划的功能构成。此时的居住区设计并无非常突出的特征。居住建筑造型与德国古典住宅建筑造型一般无二，建筑层数一般为一到四层，坡屋顶，中间是楼梯间两边是住宅建筑，住宅平面具有较为舒适的尺度比例。

这一时期的显著变化是居住区设计中出现了规则的新街道网格，此种城市肌理构成最早出现于 17 世纪晚期。随着柏林城市中心的西移，建设者在柏林的城市规划中引入了网格化的街道布局，这种城市肌理构成与中世纪小镇蜿蜒自然的街道空间布局大相径庭，从此也直接奠定了柏林内城空间肌理的基本格局，这种格局逐渐延伸到居住区的设计构成中，柏林此种街道布局被 20 世纪的城市规划者们称为"中央内城的巴洛克式街道计划"，柏林从此步入近代城市规划与居住区建筑设计的新里程。

2. 工业化时期和古典主义（1800—1862 年）

早在 18 世纪末，柏林就已是一个相当重要的经济中心，是进行繁荣的手工业活动和普鲁士主要制造商的所在地。卡尔·弗里德里希·辛克尔是普鲁士宫廷的首席建筑师，他设计了一系列具有古典主义风格的公共建筑，以及具有世纪影响力的居住建筑。他的风格深受希腊古典的宏伟建筑风格影响。辛克尔在资金短缺的情况下重塑了柏林的面貌，其设计方案被称为"狂欢中的雅典"。

随着城市工业化，外来人口不断增多，辛克尔设计的大量居住建筑符合城市资产阶级的居住要求，这些居住建筑被誉为"市民公寓"，是典型的资产阶级住宅居住建筑类型，此类型居住建筑的平面动线为当时缺少阳光照射的长条建筑预留了足够的光照空间，且采用了灵活的空间布局，后来其平面布置模式在柏林得到了大规模的推广与应用。

3. 居住区现代化尝试（1862—1914 年）

1871 年，德意志帝国成立，柏林也在此时成为欧洲最大的工业化城市，这也预示着将有大量的外来人口涌入城市，进而造成柏林人口激增，住房空间紧缺，其人口的激增使得柏林人居空间出现超负荷的态势，同时此种压力也波及交通与其他需求领域，因此在空间紧缺的情况下，大量的居住区项目落成，并在柏林中心形成了一圈密集的城市区——"威廉环"。

"威廉环"就是在旧城中心与周边的郊区之间形成了一条明显的圈层住宅区域，其将旧城中心的建设模式与郊区的松散建设模式加以区分，就某一个层面而言，这也是不同收入阶层在居住物质空间层面的可视化划分。

（1）扩张前期

①租赁住宅。自19世纪上半叶以来，在这场历史上前所未有的人口运动的背景下，詹姆斯·霍布莱希特为城市的更新发展制定了蓝图，其方案是一张巨大的路网图贯穿其中，其间有宽阔的矩形道路网（200～400 m长、150～200 m深的街区），除宽阔的路段外，还具有正方形或多边形街区的详细空间层级规划。霍布莱希特的规划方案中的建筑设计使得住宅区内部的建设同临街建筑同步进行成为可能，这同时也增加了住宅区的设计与建设进度，可以有效缓解当时因人口激增导致的居住空间短缺问题。

19世纪50年代，东西柏林的城市物质空间建设皆考虑到了对更多绿化公共空间的营建，然而由于私人投资的原因，1853年的建筑法令允许重建的地产仅需遵守相关的消防法规即可，又因为很多房地产存在投机行为，导致建筑师只能按照地方相关法律法规按部就班地进行基础设计，根据相关规定明确建筑高度与其内部庭院的尺寸，严格贴合建筑法令要求，导致逼仄的建筑环境产生。

在接下来几年期间，东西柏林将面向街道的建筑设计为四到五层的高度，并在翼楼中设置仓储空间。当时的建筑物在底层街道设有一个入口大厅，入口大厅通向一个通向高层或地下室的公共楼梯，使人可直接从街道进入。一楼通常有独立住所，人仅可从各自的入口进入，而较高的楼层经常被细分为小公寓，这些公寓的人可通过公共走廊进入。

②郊区别墅。第一批别墅群呈现对称设计，设计方案中以一个统一的道路网为设计中心，且主要是正交的路面系统，其中插入了几何形广场。后来，英国如画式园林诞生，为了达到如画的效果，街道开始变成曲折的道路。希特费尔德别墅区是第一个几何形的花园别墅，之后还有西区别墅区和格鲁内瓦尔德别墅区，它们都是几何形构图的典型案例。

（2）扩张后期

①合租公寓。此时期的居住区主要有两种形式，第一种建筑形式是结合街区肌理特征，尽量避免闭塞的狭窄后院，或者为后院设计大面积的公共空间，夏洛滕堡居住区试图通过优化后院空间来提升内部庭院生活质量；第二种建筑形式是带有花园和广场的内部庭院，例如，里特海瑟大街居住区场地中央有宽阔的室内花园和庭院，在两侧的建筑内可以最大限度地欣赏中间花园的自然景色，使人居环境的舒适性得到大大提高。

②花园城市。花园城市这一想法由霍华德提出，其想法旨在解决当时的核心居住空间不足的社会问题，具体而言主要包括以下两点：一是解决大城市的工人阶级租赁住宅的问题；二是花园城市是一个大到足以保证城市生活和经济独立的功能性城市，而柏林郊区的别墅区设计方案与原本设想解决社会问题的主要原则相背。

花园城市有两个实践地点，第一个是格鲁瑙附近的法尔肯贝格，但由于其并非一个住宅区，因此并不算是真正的花园城市；第二个是泽伦多夫花园小镇，其房屋主要建在街区中，街区围绕着花园。

（二）东西柏林居住区建设的新方向（1914—1949 年）

1. 魏玛共和国时期的福利住宅

第一次世界大战后，住房短缺的情况越发严重。在1924—1929 年经济稳定时期以及随之而来的小规模住房推广期间，情况也没有好转。在此期间人们获得的福利住房称为"福利住宅"。此时一些私立的非营利住房公司成立。与此同时，国家又制定了一系列与社会住房相关的建设条例，来保证福利住房的建成，如《公共住房管理条例》《紧急住房短缺补救条例》《普鲁士住房法》等。

此时包豪斯学院发展形成了新的建筑风格，即现代主义建筑风格，而其现代主义建筑思想也影响着柏林的福利住宅建设。此时柏林住宅分为两种风格，即现代主义风格和传统主义风格。包豪斯学院由于深受苏联马克思主义影响，在住宅建设上热衷于福利住宅设计，其设计目标与意识形态相关。福利住宅项目林登霍夫居住区是第一个福利住房项目，标志着福利住宅住房项目在柏林设计与建造进程的开始。而马蹄铁形居住区由于其独有的规划形式成为福利住宅项目的代表性居住区。两者共有的特征是具有现代主义特色，都是现代主义住宅建筑区的典范作品。

2. 新居住区建设

柏林的统治者率先选择放弃旧城中心，在其西侧开辟了一条具有纪念性的南北轴线，以建立新的城市中心。

公共建筑上的新古典主义以及住宅的"传统"和乡土风格在第三帝国时期备受上层推崇，被视为历史设计风格的回归，即新古典主义。

3. 修复重建的既有居住街区

第二次世界大战后，柏林遭到严重破坏。柏林在战后重建过程中，面临两个重要问题。

首先，东西柏林的规划者们都将这座中心城市的重建视为解决 1862 年总建筑计划中固有问题的契机。因为柏林传统的街道和铁路网络早已无法满足现代城市的需求，柏林的规划者们将重建计划皆建立在以私人汽车为新交通方式的基础上。

其次，参与重建的建筑师们受上层意识形态限制。弗里德里希海恩是柏林战后的第一个重建项目，这个社区单元也是柏林实施"花园城市"概念的第一阶段作品。此项目试图将有机建筑理念运用于该居住区建设，但是此基地由于位于苏联管辖范围内，直到 1950 年冷战开始，此方案都未能实施。直至苏联解除对西柏林的封锁之后，东西柏林才开始了各自为政的时期，这直接影响东西柏林初期的城市规划与建筑设计差异的形成。

（三）东西柏林近代居住区多元化设计

1. 权力纪念性空间与居住区规划设计（1950 年）

1940 年末，柏林被分裂为东西两部分，同时也成为世界范围内的城市规划与建筑设计的焦点城市。东柏林代表了苏联的城市规划与建筑设计模式，而西柏林则代表了美国的城市规划与建筑设计模式。东西柏林希望能够更加适应机动车交通的发展，并有效解决东西柏林始终存在的人口激增与原有人居环境恶劣的问题，彼此竞相开展了城市规划与居住区设计竞赛。

首先，针对柏林的重建不只涉及美学上的思考，还涉及在各自的政治体制下所产生的社会意识形态；其次，是对重建范围与重建程度的界定,战争中的轰炸袭击造成了房屋不同程度的破坏,什么程度的住宅采用何种模式进行修缮和重建成为众多规划师与建筑师需要考虑的第二大问题;再次,柏林的战后重建也是一个与过去和解的契机,不同于以前大拆大建的规划设计,众多学者需要考虑如何批判性地接受东西柏林的城市历史文脉,不再是简单地拆除所有建筑,而是重新评估建筑的实用性、适当性等社会功能,分析构成德国建筑和城市设计的要素,赋予东西柏林新的可能性。

2.人居空间问题与居住区空间设计(1960—1970年)

此阶段,东德从大规模的"住宅宫殿"居住区模式开始逐渐向工业预制模式转变,东柏林的新建筑的城市设计变得更加简化和现代化,《城镇规划十六项原则》逐渐被放弃。莱比锡大街等居住区体现了东德现代主义设计思想,是以"工业预制"建筑模式进行居住区设计与建造应用的典范。

西柏林在得到充足的经济补贴的情况下,也开始了大规模的重建运动,但是人口生存空间问题始终未得到完美解决。西柏林被称为"第一个城市更新计划",目标是重建六个地区,但这些地区土地情况恶劣,无法进行全面重建,其中包括名为"城市更新区""布鲁嫩大街"等39个街区,这便成为规划师与建筑师们亟待解决的问题。

东柏林和西柏林在各自重建过程中所表现的相似之处令人惊奇。双方皆在遵循现代主义设计思想的前提下,要求彻底夷平所有战前建筑物,而且双方也以相似的方式实施这些设计,大型住房公司与中型建筑公司共同参与此行动。政府的干预政策为改善旧城中心的人居环境提供了有利条件。

3.地域认同反思与居住区改造修缮(1980年)

东西柏林皆在20世纪60年代采用现代主义建筑设计模

式建造了一批大型的居住区。东柏林面对不合理的生活空间问题，希望找到愿意更换公寓居住的人。

反观西柏林，其经济状况整体比东柏林略好，但其经济同样不稳定。一方面，现代主义城市规划与建筑设计的成本比最初预计的要高得多；另一方面，随着扶持政府所提供的经济补贴减少，固有的租赁住宅的补贴租金给城市带来了越来越大的固定成本，这不得不让西柏林重新审视地域既定的城市历史文脉的价值与意义，进而对其各自的居住区设计策略进行持续调整。

（四）对我国的启示及借鉴意义

德国政府长久以来都将住房问题放在重要位置，并通过政策法规为城市住宅建设提供资金支持，虽想通过加大人民购房来推进住房发展，但并没有直接向城市居民提供住宅，而是通过市场手段推动住宅发展，实现城市住宅市场自由、公平地发展。德国的城市住宅设计不仅有建筑师在探寻道路，还有社会学家在深入研究国情，这样才能将居民需求变化及时地与城市住宅设计相结合，把握住房发展的新方向。

二、日本

（一）日本住宅建筑设计总览概述

"二战"后初期，为了在短期内缓解住房短缺的问题，日本政府建造大量集合住宅。这种类型的住宅通过标准化构件的设计和工业化的生产方式降低了造价，在一定程度上解决了住宅紧缺问题。由于卧室面积可变，可衍生出不同的住宅类型来满足不同家庭的需求，因此很受居民的青睐，直到现在这一形式仍为日本城市住宅的主流形式。1960 年后，日本经济进入高速发展期，城市问题、住宅问题愈加严重。农村人口大量流入大城市，大城市人口急速膨胀。为此日本政府鼓励在大城市郊区集中兴建大居住区，特别是修建低价的公团住宅，以应对人口大量流入问题。1970 年以后，经济的复苏和对社会住宅的积极建设，使住房危机基本得以缓解。国民生活水平逐步提高，人们的居住要求涉及多方面，尤其关心住宅四周的居住环境质量，住宅本身的发展重点也转向居住质量的提高。住宅套型、面积标准、附属设施、环境质量、社区服务等都成为住宅设计需要关注和解决的问题。1975 年以后，城市内部的居住者提出了"小规模集合住宅区的分散布置"的设计思想，与大居住区相比，小规模集合住宅区以其高水准的社区服务、优雅的居住环境质量和用地灵活适应性等优点，成为住宅设计的主流类型，大住宅区规划逐渐在消失。

日本的现有住宅主要分为户建住宅（以户为单位的独立低层住宅）、长屋住宅（大门独立的几户共有 1 栋住宅）和集合住宅（住户数量较多），集合住宅又可分为高级公寓和普通公寓。一半左右的集合住宅以小户型为主。

（二）日本的集合住宅特点

1. 小户型是集合住宅的主力军

日本的城市住宅以低层和多层为主，在城市中心有高层住宅类型，但整体展现出低层高密度的特质。为节约土地，提高容积率，小户型集合住宅是最佳的选择，户型面积在 80 m^2 左右，开间小，进深大，同时三室一厅的户型符合日本居民 2～3 人的家庭结构。

2. 户型设计紧凑、科学

日本集合住宅的发展历经早期发展时期、战后危机时期、创新发展时期和多样化发展时期四个阶段后，目前已趋于成熟。住宅布局一般是大进深（≥10 m），小开间（4～6.6 m），设置外廊式通道与公共楼梯。

矩形平面是最合理的占地形状，但较大的进深会带来采光不足和通风较差的问题，日本的住宅设计将储藏室等对采光要求不高的房间放在户型内部，通过机械抽风和人工照明来解决采光和通风问题，将卧室、客厅等日照要求高的房间放在南边靠墙等采光及通风较好的位置，使各功能空间的位置得到合理分配。

日本住宅的一大特色就是将走廊作为连接室内空间的纽带，只要空间不是特别小，布局上一定会用走廊来分隔公共空间与私人空间，这使家人的私密空间有了保证，但设计不好就会导致空间利用率降低，所以走廊设计在日本住宅设计中非常关键。

日本集合住宅将层高定为2.6～2.8 m，以求通过降低层高的办法来降低住宅建筑总高度，从而减少住宅建筑的间距。

3. 住宅建筑立面横条造型

日本集合住宅是框架结构建筑，基本形式是外廊式布局，走廊不仅是住宅建筑的交通空间，还是住宅建筑立面上的横向造型构件。日本的消防法规要求，户与户之间的阳台须互相连接，以便在紧急情况下居民可以从邻居家逃生。日本住宅设计的这些特点形成了建筑立面上连续的横条造型。

4. 住宅设计以人为本

从住宅的立面上看到的是排列有序、大小相同、风格单调的窗洞，而住宅内部却是连贯性极高的立体空间，人性化的空间布局能带给居住者良好的居住感。

首先，餐厅与厨房相连。日本的厨房多为半开敞式或全开敞式，餐厅有时就是分隔客厅与厨房的一张餐桌，这样设计不但方便传递食品，还使空间布局更加统一，适合于小面积的户型，主妇在做饭的同时还能照看客厅里的小孩，体现了设计中人性化的一面。

其次，卫浴分离。日本住宅的卫生间分为洗漱、厕所、沐浴三个独立的空间，小户型中一般只设置一个卫生间，这样细化空间功能可以提高住宅设计的合理性，减少使用过程中的互相干扰，节约了上班族早上宝贵的时间。单独设计沐浴间不但不用担心水会溅到其他洁具上，还能不妨碍家人正常使用卫生间。

最后，储藏间形式灵活。日本集合住宅面积虽小，但储藏间必不可少，且设计时考虑得细致周到，如形式、大小、位置等都会一一想到，日本住宅的房间内少有承重墙，多轻质隔断，储藏间便可与衣柜、推拉门结合，考虑到日本人的生活习惯，储藏间都按分类设置在相应位置，这使房间变得整洁干净，存取物品更加方便。

（三）对我国的启示及借鉴意义

1.政策支持

日本是制定有关住宅建设相关法律最多的国家。1951年出台的《公营住宅法》《住宅金融公库法》，1960年出台的《住宅地区改良法》，1966年出台的《住宅建设计划法》，1999年出台的《住宅质量确保促进法》，2001年出台的《关于促进供应优质出租住宅的特别措施法》《关于确保高龄者居住安定法》等十多部法律，明确了日本政府在住宅供应方面的责任，有效确保了住宅建设和推进住宅标准化各项制度的建立和实施。

2. 完善的住宅标准化体系

标准化体系是日本推进住宅产业化进程的基础。1969 年，日本制定的《推动住宅产业标准化五年计划》，对住宅性能标准、制品标准、材料、设备、结构安全等方面进行了调查研究，加强了住宅产品的标准化工作，并对功能空间、建筑部件和建筑设备等提出了建议。日本住宅的标准化体系包含住宅性能标准、设计方法标准、住宅性能测定方法和住宅性能等级标准等。目前日本住宅部件、社会化生产的产品标准已经占到标准总数的 80% 以上。

三、英国

（一）英国住宅建筑设计总览概述

在 20 世纪 90 年代，英国政府和其他主流机构已经开始对建筑能耗感兴趣。在经济上，英国政府在提高能源效率方面不断加大财政投入；在政策上，政府制定大量节能减排政策，并大力扶持相关企业积极研发节能设施，提供高效节能电器与暖通设备。

2003 年，英国政府在发布的《我们能源的未来——创建低碳经济》白皮书中，提出"低碳"这一概念。

2007 年，英国政府部门认识到发展低碳经济与减缓气候变化间的关联，针对住宅建设制定了《可持续住宅法典》，以指导建造充分利用可再生能源并具有高能效的住宅。

2008 年，英国政府颁布了《气候变化法案》，该法案要求英国政府制定具有法律约束力的碳预算，限制每 5 年允许的温室气体排放总量，规定英国温室气体排放目标到 2050 年将比 1990 年减少 80%。

2009 年，英国政府推进碳减排目标和社区节能计划，提高英国家庭的能源利用效率，发展低碳住宅。碳减排目标向所有家庭提供了提高能源利用效率的措施，成功地推动了相对成本低的节能措施的应用。社区节能计划要求天然气和电力供应商向贫困地区提供节能措施，大幅度降低低收入家庭的燃料费用，提高现有住宅的能源利用效率，减少碳排放。

从 2013 年开始，英国采用绿色交易计划，以取代之前的社区节能计划。绿色交易计划旨在鼓励住户采取能源效率措施，提高建筑效能，减少家庭能源消费，提高住宅舒适度。国家统计局及时对绿色交易计划进行家庭能源利用效率统计，进行供应链的碳估算和节能估算，以便及时修正方案。

2015 年，政府通过《燃料贫困改善战略》，关注社会住宅的燃料贫困问题，并和能源公司一起采取行动，解决燃料贫困问题。在英国，如果一个家庭需要将超过其总收入的 10% 的资金用于购买燃料，以维持足够的室内温度，则该家庭被定义为处于燃料贫困状态。

2016 年，英国商业部、能源部和工业战略部根据社区节能计划，对 88 个家庭进行了节能措施的研究，研究报告中指出，60% 的家庭实现了节能。

2017 年，低碳能源有史以来首次为英国提供了 50% 的电力，英国政府公布了《清洁增长战略》，要求 2030 年新建建筑的能源消耗与现在相比减少 50%。

近年来，新型的低碳住宅建设模式与改造的综合商业模式开始出现。这些模式强调了整个房屋建设的能源节约问题，并专注于增加财产价值，以及提高房屋舒适度等方面。对已有住宅进行改造的好处不仅仅是减少碳排放，提高能源利用效率，也能提高人们的生活质量，促进社会福利和经济发展。

（二）对我国的启示及借鉴意义

1. 改善既有住宅的能效，促进低碳翻新技术的发展

我国既有住宅存量较大，能源消耗所占比重大，既有住宅建筑能源改造在减少二氧化碳排放方面具有巨大潜力。英国针对既有住宅的能源改造，积极进行低碳翻新技术研究，涉及多种措施和策略，包括采用绝缘、通风、供暖系统和低碳微发电方式等。英国还积极制定了住宅翻新政策，这些政策在提高能效、减少能源使用和碳排放方面发挥了关键作用。我国应该积极发展低碳翻新技术，提高建筑的能源利用效率，并降低改造施工的难度。规划师、建筑师或地方政府相关部门，在进行旧房改造过程中，应为广大居民提供信息、分享整个房屋改造的知识，并提供可信的当地商人和安装人员的详细信息，在规划和执行整个房屋改造方案时，发挥中介作用，帮助居民家庭选择合适的技术和材料。

2. 建立统一的住宅能源管理机制，制定和完善相关法律法规

英国建立了住宅能源绩效证书制度，即由相关政府部门对房屋进行能源效率测评，对能源进行量化管理，便于统一管理，同时借助于市场化运作模式，接受社会各方监督。对于我国而言，这样的管理模式具有很大的借鉴意义，结合我国的实际情况，可由政府联合相关产学研机构，共同制定和实施相关管理机制，进而对低碳住宅建设起到一定的规范作用。低碳住宅建设不仅需要以先进的技术作为支撑，而且需要法律法规的

支持。低碳住宅建设是一个复杂的系统，涉及大量利益相关者，他们各自为营，甚至有利益冲突，需通过立法保障每个人的权益并解决利益冲突。

3. 推广低碳住宅建设政策，激励公众参与

英国在低碳住宅建设方面处于世界领先地位也得益于政府政策扶持。其低碳住宅建设的相关政策与具体项目的实施细节，以及统计数据都是开放共享的。这些政策有利于打破政府和民众之间的界限，让民众了解更多的相关政策信息，并使民众有一定的环境危机意识，进而提高民众的环境保护意识，鼓励广大民众，尤其是房产开发商、施工建设方、设计人员主动参与到低碳住宅建设过程中。目前，我国低碳住宅建设还处在探索阶段，项目建设基本靠政府引导，公众在其中的参与度较低。只有不断加强对公众的宣传教育，鼓励公众参与，鼓励房产开发商、科研工作者以及相关技术实施人员参与，才能提高低碳住宅建设效率。

第二节 我国现代住宅建筑设计实例

一、小高层住宅建筑设计实例——以合肥两小区为例

（一）元一时代花园

元一时代花园，是香港元一集团在合肥投资开发的一个住宅小区。小区位于合肥市胜利路和凤阳路交会处，总建筑面积为 89 152 m^2，其中住宅建筑面积为 82 402 m^2，总户数为

653 户。社区总共规划 8 幢小高层住宅建筑，其中 4 幢为 18 层，4 幢为 12 层。小区绿化采取点、线、面结合的景观布局形式，以出入口、社区广场为景观绿化中心，沿中心绿化步道串连多个绿化景观。套型设计做到"四明"，厅、卧、厨、卫均直接对外采光，与风景相融合。客厅、餐厅紧密结合，自由分区。客厅配备观景落地阳光窗；主卧室带有观景阳台和独立卫生间，符合现代居家潮流；厨房设有工作阳台，使洁污分区更加明确。复式套型的多功能超大型客厅设有钢琴吧、休息室、独立门厅、会客厅，尽显大家风范。

（二）梦园小区

位于合肥高新技术产业开发区的梦园小区，地处合肥市的上风水口，依山傍水，风景宜人。小区规划功能分区合理，用地配置得当，从周边绿化带到小区环绕车道及组团出入口停车场的设置，很好地构成了社区环境交通。小区内以"留澜居"小高层建筑为主，结合当地自然条件，与多层建筑共同组成高低错落的空间形式。部分住宅的底层设计为架空的场地，形成更多的活动空间，与多功能中心绿化带系统、文化设施及老人儿童活动场地相呼应，创造了良好的小区环境，丰富了小区景观，为构建良好的社区文化打下了基础。套型设计功能分区明确，起居室与餐厅既有联系，又有分隔，共同形成一个较大的"家庭公共活动场所"。主卧室附有独立卫生间，南向设置落地窗，充分地容纳了周围的景色。厨房宽敞明亮，卫生间直接对外采光，管道内藏，使空间更加整洁。每户入口处设置门斗作为过渡空间，增强了居室的私密性。由于点式高层建筑多为一梯多户且设有电梯，导致部分房间进深过大，采光不好，因此在套型设计中要注意将主要房间安排在良好朝向处，在较差朝向处安排辅助用房。

二、高层住宅建筑设计实例——以某地区高层住宅小区为例

（一）工程概况

某地区一项高层住宅小区建设项目，总建筑面积约为 35.3 万 m²，容积率为 2.5，绿地率为 30%，住户数量为 2 497 户。该项目主要分为两期进行建设。

（二）规划设计

1. 总体设计构思

要对当前民众的生活方式进行充分考虑，构建绿色、时尚、健康的居住环境。要遵循可持续发展理念，构建优雅、舒适的住宅区。

2. 组合适宜的组团社区，把土地分成若干组

群体布局便于分层管理，便于社区通行。

3. 景观与光照的均好性

在对建筑展开整体布局时，应该充分考虑光照和景观资源，确保每一户都能够拥有充足的阳光、欣赏优雅的景观。

4. 公建配套的丰富性

在进行设计时，还应该对整个小区的特点和住户需求以及公共建筑的支撑水平进行充分考虑。在规划室外游泳池时也应该注重将游泳池和周边景观相结合。

5. 绿化景观相互渗透

绿化景观通常分为两部分，一是中央园林绿化景观，二是庭院绿化景观。两者有效结合起来，形成别致的立体景观。

6.自然落差的场地设计

在设计时应该通过高度差来设置整体的庭院空间，形成一个具有自然感的坡面。另外，整个庭院要比周边道路更高。

（三）空间布局

在空间布局上要注重层次感、渗透感以及个性化。将中心景观突出，构建一个由建筑合围而成的带状弧形中心空间，周边的建筑要错落有致、相互渗透，形成一个和自然吻合的生态园景。园中的小道要铺装成绿地，形成一个悠闲的生活系统。

（四）车行系统

1.人车分流系统

多数车辆在进入小区之后可以就近驶入地下车库，这样可以保证行人安全。如果小区所有的车辆都停放在地下室，则地下车库面积会较大，投入资金也较多。因此可以考虑在小区地面上设置部分车位。这样可以有效缓解地下室集中停车所带来的困境。

2.步行系统

该小区的步行系统是围绕中心花园来设计的，步行道路和其他道路交融，并和入口广场衔接起来，形成一个步行网络。

（五）单体建筑设计

经济适用、美观大方是建筑立面的基本原则，单体建筑设计采用较为雅致的斜坡屋面，在考虑多种因素的前提下，将现代化、休闲化、简约化和时尚化有效结合起来，形成一个和时代接轨的建筑设计方案。该设计有合适的比例，并形成虚实对比，在色彩搭配上朴实明快，再加上别出心裁的点缀，使整个建筑凸显出健康向上的生活理念。

（六）造型设计

在造型方面，建筑型体为单体立面结合，采用涂料、石材、玻璃等朴实的材质来构建一个简洁、大气的造型。另外在阳台设计上，可以采用分段或者竖向排列的方式来让整个立面更加挺拔，整体又显得和谐统一。对立面材质也可进行相应设计，将其配合屋顶和墙面的细节展开处理，使整个建筑立面更加立体化，能够有效融入周边环境。

（七）绿化景观设计

一直以来，针对绿化的设计应该将以往过于注重人工建筑的理念转变，尽可能增加绿化面积，将植物的防风、防燥和氧化的功能充分发挥出来。基于此，该工程在进行绿地设计时，在植物种类的选择上要结合整个住宅区的实际情况。应优先选择乔木，同时对住宅区中的乔木、树木、灌木和草地等进行合理安排，使整个住宅区的植物景观设计做到疏密有致、层次分明，并借助植物的高矮来形成空间对比关系。在配置有关绿植时，还应该考虑季节性因素。

（八）节能及环保设计

在对住宅楼进行节能及环保设计时，应该坚持可持续发展的理念，相关材料也应该购买节能、科学的。比如，在外墙保温层中就可以采用聚苯乙烯 EPS 板，可有效避免热损失。对住宅外窗玻璃也可以采用节能设计，不管是从位置上还是从材质上都可以采用节能设计，比如，窗户可以选择塑钢普通中空玻璃窗，这相对于普通的平板玻璃而言保温效果更好。通过这些节能设计可以进一步提升整个住宅建筑的舒适度，也能够在一定程度上节约资源，实现可持续发展。

三、老年住宅建筑设计——以某湖畔养老社区为例

（一）项目背景

该项目为某湖畔养老社区，位于城市郊区，以持续照料为主旨，为老年人提供自然、舒适的生活环境。社区内规划设计有介护设施，周边 2 km 内、10 km 内均分布有医院，为老年人提供3个层次的医疗服务；社区规划充分融入"湖畔生活"理念与元素，整体风景优美、设施完善。

（二）养老社区规划设计情况

该社区结合我国养老现状，采取社区中心提供基础服务的模式，只设置独立型老年公寓。社区整体包括 3 个独立邻里社区、1 个独立介护设施；每个邻里社区中心位置配备各自社区中心，采用共享式功能结构，即老年公寓围绕社区中心布置；3 个邻里社区设计可最佳利用湖畔与位置居中的带状水岸公园，营造一种和谐的美感。养老社区在上述规划模式下形成了向心式居住布局，有利于围合出自然庭院，为老年人营造健康的生活环境，且更具识别性，强化了健康、医疗保健、精神、安全、营养以及社会交往六个方面。

（三）养老社区建筑空间设计要点

1. 老年公寓设计

该社区老年人居住建筑全部设计为集合老年公寓，在居住单元组合方面摒弃传统住宅设计模式，将同一建筑设计重复使用，环绕整个社区，自然围合出外部空间庭院，且对每个邻里庭院进行独特景观设计。

（1）建筑布局

采取开放的组合方式布局东西向公寓，室内形成洄游动线，便于老年人在各个空间行走。老年居住建筑要求冬至日满窗日照至少达 2 小时，此种布局形式完全可以满足要求。

（2）户型划分

该社区公寓户型主要包括工作室、单居室以及双居室，其中双居室分为单浴室、双浴室 2 种；户型采用跨度模数，对几种公寓进行组合、拆分，此种弹性化设计可较好适应后期市场变化，也为老年人提供了不同选择。

2. 介护中心设计

该社区介护中心独立于 3 个邻里社区之外，设置在场地东北角，区域较为安静，并设计独立出入口、停车场。介护中心设计为 2 层，空间组成包括厅堂、餐厅、医疗机构、办公及管理区域、介护公寓以及辅助空间，采取内廊形式分散布置，护理区与公共区分散在各个护理组团中；介护中心设计为 C 形平面形态，布局呈"两横一竖"，每个横竖均可构成一个护理组团。介护公寓设计为两种，分别为单卧室、单卧室带起居。

3. 社区中心设计

该社区共计规划有 3 个社区中心，内部设置游泳池、瑜伽房、乒乓球室，底部直通下沉式花园，二楼规划有用餐空间与各种活动空间（如书法室、棋牌室等）。社区中心独立成栋，与老年公寓连廊，每个邻里社区具有独特功能和外观设计，可使老年人在不同邻里社区中活动。

四、生态住宅建筑设计——以重庆渝北区龙湖·尘林间为例

（一）住宅设计理念

1. "森居" ——新加坡式住宅设计

龙湖·尘林间是坐落于重庆市渝北区的楼盘，是重庆首个纯新加坡式也是龙湖唯一的大平层。以"森居"著称的设计理念，崇尚一种轻松舒适的生活环境，让回家像度假一样放松，提醒你的脚步逐渐慢下来。

2. 功能与景观巧妙融合

首先要从场地功能入手，从而推导出空间，功能只是空间的其中一个基本元素，大部分项目都是从功能到空间来设计的。一个项目的精华应该有一些更加内敛和与众不同的气质来凸显自己的价值。尘林为了给居住者一种适宜的氛围感，景观设计往往以建筑为主导，将景观建筑进行整合，从而使景观与建筑相互渗透。我们认为这种使人们想走出自己的房间，享受户外空间的生活方式，在保证人们隐私的前提下提高了生活质量。

（二）地形的合理塑造

基于生态住宅景观设计中对地形的合理利用，龙湖·尘林间在地形的处理上尊重原有地形地貌，在满足景观需要的同时保护了生态环境，并丰富了空间感受与层次。地势平缓会使

视野开阔，草坪是居住者活动和休闲娱乐的好场地，孩子们可以玩得开心，而且不用担心复杂的地形变化带来不必要的麻烦，后面的林木也提供了垂直景观的视觉效果，同时也起到了衬映的作用。在相对平缓的地形上，水池成为整个场景的中心，减少了平坦地面所造成的枯燥性，使平坦地形与垂直景观融为一体。龙湖·尘林间充分利用地形营造丰富的空间，以水体与驳岸交界处的水生植物和植物的搭配为亮点，形成密集、具有层次感的滨水景观。亲水平台的布置和周围成群排列的植物使整个水空间充分融入人们的活动之中。

（三）特色空间的完美营造

1. 享受度假式的酒店化环境

龙湖·尘林间把度假式的酒店氛围融合到住宅之中，不用外出旅游就能获得度假般的感受。充分营造出自然舒适的空间，让居住者可以在不同场景之间自由切换，从环境中享受轻松，同时在材质上表现出高度的质量感，奢华而不肤浅，体现出居住者的品位和风格。

2. 摩卡式客厅——花园般的舒适空间

温暖舒适的客厅看起来像是透明的，自然而充满品质。适宜的空间比例与室内外的布局、森林景观完全融为一体，给人愉悦感，让人更愿意走出房间去享受户外精心设计的每一个空间。

3. 思想厨房——通透精致的艺术气息

精致的公共厨房搭配先进的厨房系统，在厨房内隐约可以看到室外酒吧区和森林下的休息区域，感受艺术气息。

（四）优势与适宜判断分析

通过对龙湖·尘林间生态住宅景观的设计进行分析，可总结出以下三大设计策略。

1. 生态优先

在龙湖·尘林间生态住宅设计项目开发建设中，始终坚持生态优先原则。

①自然生态优先原则，这是生态住宅的设计核心，即使我国环境保护事业正在良好发展，我们对于原有自然生态的维护也不能麻痹大意。

②被动式生态技术优先原则，以节约资金为宗旨。在开发过程中，该项目优先采用被动技术，尽量提高住宅性能。

2. 因地制宜

设计的总体规划针对龙湖·尘林间气候特点和植物特性，构造多层次的自然生态网络，实现与周边自然生态系统的有机结合；优先斟酌龙湖·尘林间具有区域特色自然景观的优势，并采用适合生态要求的当地原料与技术等。

3. 精简设计

在设计领域中要学会做减法，而尘林间的设计是非常简约的，没有过多的装饰，展现出理想的空间感。

参考文献

［1］ 韩光煦，韩燕.小区规划：住宅与住区环境设计［M］.
北京：中国水利水电出版社，2013.

［2］ 汪洋.城市住区更新政策决策与模式研究：理论、实务
及案例［M］.武汉：武汉大学出版社，2013.

［3］ 席宏正，凌美秀.基于成功老化理念的住区规划研究
［M］.北京：冶金工业出版社，2014.

［4］ 崔奉卫.小城镇住区规划与住宅设计指南［M］.天津：
天津大学出版社，2014.

［5］ 黄勇，胡羽，杨光.城乡规划设计基础［M］.重庆：重
庆大学出版社，2015.

［6］ 董卫.城市规划历史与理论［M］.厦门：厦门大学出版
社，2016.

［7］ 刘姝宇，宋代风，王绍森.可持续发展导向下当代德国
新建住区的整合设计［M］.厦门：厦门大学出版社，
2017.

［8］ 彭雷.城市住区步行友好性研究［M］.武汉：华中科技
大学出版社，2018.

［9］ 朱深海.城乡规划原理［M］.北京：中国建材工业出版

社，2019.

[10]窦晓璐.中国老年人居住迁移模式及动因研究［M］.
北京：首都经济贸易大学出版社，2019.

[11]康会宾.高层钢结构住宅理论探索与工程实践［M］.
长春：吉林大学出版社，2019.

[12]周军.养老建筑设计现状与发展趋势研究［M］.长春：
吉林大学出版社，2019.

[13]谢振宗，吴长福.高层建筑形态的生态效益评价与设计
优化策略研究［M］.上海：同济大学出版社，2019.

[14]易成栋.中国城市家庭多套住宅形成机制、效应和政策
［M］.武汉：武汉大学出版社，2019.

[15]许国平.宁波市住宅建筑结构设计细则［M］.宁波：宁
波出版社，2020.

[16]陈永红.住宅空间设计［M］.北京：中国建材工业出版
社，2020.

[17]李勤，闫军.城市既有住区更新改造规划设计［M］.
北京：机械工业出版社，2020.

[18]赵雪峰，孟晓雷，滕凌.工业化住宅建造体系理论与设
计［M］.北京：地质出版社，2020.

[19]刘正权，胡国力.居家适老化设计与评价［M］.北京：
中国建材工业出版社，2021.

[20]葛友婷.城市住宅规划设计的地域性表达探析［J］.居业，
2018（10）：47-48.

[21]葛长川.住宅建筑规划设计与人居环境探析［J］.居舍，
2018（21）：95.

[22]丁玉梅.生态理念应用在城市住宅小区规划设计中的研
究［J］.住宅与房地产，2018（24）：7.

［23］范红梅，江丽.探究节能措施在住宅规划与建筑设计中的应用［J］.建材与装饰，2018（25）：73-74.

［24］刘怀生.基于市场需求的住宅规划设计研究［J］.安徽建筑，2019，26（12）：72-73.

［25］黄亮荣.海绵城市理念在住宅小区规划中的应用对策［J］.科技创新与应用，2019（10）：174-175.

［26］窦宗浩，罗甲.基于生态保护视角的住宅规划建设技术研究［J］.中国住宅设施，2019（7）：86-87.

［27］耿逸昕.新形势下住宅规划设计及人居环境水平的提升策略［J］.住宅与房地产，2020（21）：40.

［28］罗彩丰.住宅小区规划与建设中几个问题的思考［J］.广西质量监督导报，2020（3）：81-82.

［29］任鹏.简析城市住宅规划设计的未来发展趋势［J］.中国建筑装饰装修，2021（10）：32-33.